从0到1

CSS 进阶之旅

莫振杰 著

人民邮电出版社
北京

图书在版编目（ＣＩＰ）数据

从0到1：CSS进阶之旅 / 莫振杰著. -- 北京：人
民邮电出版社，2020.6（2022.6重印）
ISBN 978-7-115-53590-0

Ⅰ．①从… Ⅱ．①莫… Ⅲ．①超文本标记语言－程序
设计②网页制作工具 Ⅳ．①TP312.8②TP393.092.2

中国版本图书馆CIP数据核字(2020)第045893号

内 容 提 要

本书作者根据自己多年的前后端开发经验，详尽介绍了CSS的进阶知识和高级开发技巧。

本书的正文部分共 12 章，分别讲解了CSS的基础知识、CSS规范、盒子模型、display 属性、文本效果、表单效果、浮动布局、定位布局、CSS图形、性能优化、CSS技巧，以及CSS的一些重要概念。除了正文部分，本书还包括两个附录，附录 1 介绍了 HTML 的进阶知识，附录 2 是作者结合实际工作和前端面试经验，精心挑选的前端面试题。

本书还配备了所有案例的源代码和 PPT 教学课件，以方便学校老师教学。本书适合作为前端开发人员的参考书，也可以作为大中专院校相关专业的教材及教学参考书。

◆ 著　　　　莫振杰
　　责任编辑　罗　芬
　　责任印制　马振武

◆ 人民邮电出版社出版发行　　北京市丰台区成寿寺路 11 号
　　邮编　100164　电子邮件　315@ptpress.com.cn
　　网址　https://www.ptpress.com.cn
　　北京天宇星印刷厂印刷

◆ 开本：787×1092　1/16
　　印张：17.25　　　　　　　2020 年 6 月第 1 版
　　字数：475 千字　　　　　2022 年 6 月北京第 7 次印刷

定价：49.80 元

读者服务热线：**(010)81055410**　印装质量热线：**(010)81055316**
反盗版热线：**(010)81055315**
广告经营许可证：京东市监广登字 20170147 号

如果你想要快速上手前端开发，又岂能错过"从 0 到 1"系列？

这是一本非常有个性的书，学起来非常轻松！当初看到这本书时，我们很惊喜，简直像是发现了新大陆。

你随手翻几页，就能看出来作者真的是用"心"去写的。

作为忠实的读者，很幸运能够参与本书的审稿及设计。事实上，对于这样一本难得的好书，相信你看了之后，也会非常乐意帮忙将它完善得更好。

——五叶草团队

前言

一本好书不仅可以让读者学得轻松，更重要的是可以让读者少走弯路。如果你需要的不是大而全，而是恰到好处的前端开发教程，那么不妨试着看一下这本书。

本书和"从 0 到 1"系列中的其他图书，大多是源于我在绿叶学习网分享的超人气在线教程。由于教程的风格独一无二、质量很高，因而获得累计超过 100000 读者的支持。更可喜的是，我收到过几百封的感谢邮件，大多来自初学者、已经工作的前端工程师，还有不少高校老师。

我从开始接触前端开发时，就在记录作为初学者所遇到的各种问题。因此，我非常了解初学者的心态和困惑，也非常清楚初学者应该怎样才能快速而无阻碍地学会前端开发。我用心总结了自己多年的学习和前端开发经验，完全站在初学者的角度来编写本书。我相信，本书会非常适合零基础的读者轻松地、循序渐进地展开学习。

之前，我问过很多小伙伴，看"从 0 到 1"这个系列图书时是什么感觉。有人回答说："初恋般的感觉。"或许，本书不一定十全十美，但是肯定会让你有初恋般的怦然心动。

配套习题

每章后面都有习题，这是我和一些有经验的前端工程师精心挑选、设计的，有些来自实际的前端开发工作和面试题。希望小伙伴们能认真完成每章练习，及时演练、巩固所学知识点。习题答案放于本书的配套资源中，具体下载方式见下文。

配套网站

绿叶学习网（www.lvyestudy.com）是我开发的一个开源技术网站，该网站不仅可以为大家提供丰富的学习资源，还为大家提供了一个高质量的学习交流平台，上面有非常多的技术"大牛"。小伙伴们有任何技术问题都可以在网站上讨论、交流，也可以加下列 QQ 群讨论交流：519225291、593173594（只能加一个 QQ 群）。

配套资源下载及使用说明

本书的配套资源包括源码文件和配套 PPT 教学课件。扫描下方二维码，关注微信公众号"职场研究社"并回复"53590"，即可获得资源下载方式。

职场研究社

特别鸣谢

本书的编写得到了很多人的帮助。首先要感谢人民邮电出版社的赵轩编辑和罗芬编辑，有他们的帮助本书才得以顺利出版。

感谢五叶草团队的一路陪伴，感谢韦雪芳、陈志东、秦佳、程紫梦、莫振浩，他们花费了大量时间对本书进行细致的审阅，并给出了诸多非常棒的建议。

最后要感谢我的挚友郭玉萍，她为"从 0 到 1"系列图书提供了很多帮助。在人生的很多事情上，她也一直在鼓励和支持着我。认识这个朋友，也是我这几年中特别幸运的事。

由于水平有限，书中难免存在不足之处。小伙伴们如果遇到问题或有任何意见和建议，可以发送电子邮件至 lvyestudy@foxmail.com，与我交流。此外，也可以访问绿叶学习网（www.lvyestudy.com），了解更多前端开发的相关知识。

作者

目录

附录 1　HTML 进阶

附录 2　前端面试题

第1章

基础知识

1.1 CSS 进阶简介

1.1.1 你真的精通 CSS 吗

我们都知道，前端技术最核心的 3 大技术是 HTML（Hyper Text Markup Language，超文本标记语言）、CSS（Cascading Style Sheets，层叠样式表）和 JavaScript，如图 1-1 所示。HTML 定义网页的结构，CSS 定义网页的外观，而 JavaScript 定义页面的行为。其中 HTML 和CSS 是前端技术中最基础的东西。

HTML 和 CSS 入门容易，要做到精通却很难，特别是 CSS。"什么？精通很难？我很确定我已经精通 CSS 了啊！"这种话往往出自才学了两三个月、技术"半桶水"的人口中，笔者就碰到过不少这样的人。

图 1-1 前端核心技术

对于 HTML 来说，确实没多少东西是可以深入研究的，但是 CSS 却不一样。如果你认为自己精通 CSS 了，那么可以尝试思考一下以下问题。

- ▶ 什么是外边距叠加？出现外边距叠加的根本原因是什么？
- ▶ 为了提高可读性和可维护性，命名、书写以及注释都应该怎样去规范？
- ▶ 说一下 display 这几个属性值的区别：block、inline、inline-block、table-cell。

▸ 你深入了解过 text-indent、text-align、line-height 以及 vertical-align 这些属性吗？它们都有哪些高级技巧？

▸ 为什么 overflow:hidden 可以清除浮动？

▸ CSS 都有哪些性能优化技巧？如何使用更高性能的选择器？

▸ 如何使用 CSS 实现各种图形（如三角形、圆、椭圆等）效果？

▸ 解释一下这几个概念：包含块、BFC、IFC 和层叠上下文。

……

如果以上问题有一半你都答不上来，说明你连"熟悉 CSS"都谈不上，更别说"精通 CSS"了。因此大家不要学了几个标签就认为自己精通 HTML，也不要学了几个属性就觉得自己精通 CSS 了。不管是哪门技术，自己都应该深入地去学习，自我满足只会让我们止步不前。

1.1.2　进阶教程简介

本书中的 HTML 进阶的内容只针对 HTML4.01（见本书的附录），而 CSS 进阶的内容只针对 CSS2.1。关于 HTML5 和 CSS3 的内容，可以学习本系列图书中的《从 0 到 1：HTML5+CSS3 修炼之道》这本书。

本书介绍的是关于 CSS 的进阶内容，并不适合没有基础的人学习，对于 HTML 和 CSS 入门相关的知识，可以参考本系列图书中的入门书《从 0 到 1：HTML+CSS 快速上手》，不然在学习本书的过程中可能会遇到困难。

进阶篇虽然涉及的东西很多，但是书中浓缩的都是精华。有一句话说得好："干扰因素越少，越容易专注一件事。"因此，对于书中的技巧，我们会以简单的例子来讲解。我在编写的时候也是字斟句酌，该展开的会详细展开，不重要的东西一定会一笔带过。希望大家不要跳跃学习。

此外，进阶教程里很多东西都是比较复杂的，一时半会可能难以消化，我们应该来回多翻几遍，并且结合自己的实践来理解。古语有言："书读百遍，其义自见。"CSS 的进阶知识在本书中已经梳理得比较完善了，小伙伴们还可以来回翻一翻，想当年我们可是连"翻"的份都没有，因为压根儿就没有这样的一本系统化的进阶类图书供我们翻阅。这本书是我多年的心血，几乎涵盖了 90% 以上的高级开发技巧。

最后给小伙伴一个小小的建议。很多人在接触新技术的时候，喜欢在第一遍学习中把每一个细节都抠清楚，事实上这是效率最低的学习方法。在第一遍学习时，如果有些东西我们实在没办法理解，那就直接跳过，等学到后面或者看第二遍的时候，自然而然就懂了。本书介绍的高级技巧和重要概念等内容都是相当复杂的，甚至你在实际开发中碰到类似情况时，还需要再回头翻一遍书，经过反复思考和实践，才有可能真正掌握。

在本书的学习过程中，一定要下载这本书的源代码，一边查看源代码学习，一边测试效果。

【解惑】

想要深入学习 CSS，除了这本书，还有什么推荐的学习渠道吗？

不管是学习什么技术，我们都应该养成阅读官方文档的习惯。在 Web 技术中，虽然官方文档都是英文版本，但这些都是重要的参考资料。而翻译过来的资料，很多都是带有译者个人理解的，并不一定准确，甚至还会误导读者。阅读官方文档，不仅可以更深入地理解技术本质，还可以顺便提高一下英文水平。

想要更深入地学习 CSS，建议大家多看看 W3C（World Wide Web Consortium，万维网联盟）官方文档和 MDN（Mozilla Developer Network，Mozilla 开发者网络）官方文档，因为这两个是重要的参考资料，两者的官网地址如下。

W3C 官方地址：https://www.w3.org/。

MDN 官方地址：https://developer.mozilla.org/zh-CN/。

注意，这个 W3C 不是 w3cschool，而是国外的一个网站。

1.2　CSS 单位

在 CSS 入门阶段，我们大多使用 px 作为单位。其实在 CSS 中，除了 px，还有很多其他常用单位。总体来说，CSS 单位可以分为绝对单位和相对单位两大类。

1.2.1　绝对单位

在 CSS 中，绝对单位定义的大小是固定的，使用的是物理度量单位，显示效果不会受到外界因素影响。绝对单位多用于传统平面印刷中，极少用于前端开发。在 CSS 中，常用的绝对单位如表 1-1 所示。

表 1-1　CSS 绝对单位

绝对单位	说明
cm	厘米
mm	毫米
in	英寸
pt	磅（point），印刷的点数
pc	pica，1pc=12pt

在前端开发中，我们不会用到绝对单位。因此在这里只需要简单了解一下在 CSS 中有绝对单位的存在就可以了。

1.2.2　相对单位

在 CSS 中，相对单位定义的大小是不固定的，一般是相对其他长度而言。在 CSS 中，常用的相对单位如表 1-2 所示。

表 1-2　CSS 相对单位

相对单位	说明
px	像素
%	百分比
em	1em 等于"当前元素"字体大小
rem	1rem 等于"根元素"字体大小

除了上表所述单位，CSS 相对单位还有 ex、vw、vh 等。在这里我们只需要认真掌握上表中的单位，其他的相对单位主要用于移动端开发，在接触移动端开发时，再去学习即可。

1. 像素（px）

px，全称 pixel（像素），指一张图片中最小的点，或者是计算机屏幕中最小的点。

举个例子，下面有一个新浪图标，如图 1-2 所示。如果将这个图标放大 n 倍，则此时的效果如图 1-3 所示。

图 1-2　小图标　　　　　　　　　　　　　　图 1-3　放大后的小图标

我们会发现，原来一张图片是由很多的小方点组成的。其中，每一个小方点就是一个像素（px）。如果一台计算机的分辨率是 800px×600px，其实意思就是"其屏幕的宽为 800 个小方点，高为 600 个小方点"。

严格来说，px 属于相对单位，因为屏幕分辨率不同，1px 的大小也是不同的。例如 Windows 系统的分辨率为每英寸 96px，Mac 系统的分辨率为每英寸 72px。但是如果不考虑屏幕分辨率，我们也可以把 px 当作绝对单位来看待，这也是为什么很多地方说 px 是绝对单位的原因。

2. 百分比（%）

在 CSS 中，支持百分比作为单位的属性很多，大致可以分为 3 类。

▶ width、height、font-size 的百分比是相对于父元素"相同属性"的值来计算的。

▶ line-height 的百分比是相对于当前元素的 font-size 值来计算的。

▶ vertical-align 的百分比是相对于当前元素的 line-height 值决定的。

line-height 和 vertical-align 这两个属性有点特殊，我们在"5.4 深入 line-height"和"5.5 深入 vertical-alian"这两节中会详细介绍。这里拿 width 属性来说，如果父元素 width 为 100px，子元素 width 为 50%，则表示子元素实际 width 为 50px。如果父元素 font-size 为 30px，子元素 font-size 为 50%，则表示子元素实际 font-size 为 15px。

▌ 举例

```
<!DOCTYPE html>
<html>
<head>
    <meta charset="utf-8" />
    <title></title>
    <style type="text/css">
      #father
      {
          width:200px;
```

```
            height:160px;
            border:1px solid blue;
            font-size:30px;
        }
        #son
        {
            width:50%;
            height:50%;
            border:1px solid red;
            font-size:50%;
        }
    </style>
</head>
<body>
    <div id="father">
        绿叶学习网
        <div id="son">绿叶学习网</div>
    </div>
</body>
</html>
```

预览效果如图1-4所示。

▌ **分析**

图1-4　百分比单位

width、height、font-size的百分比是相对于父元素"相同属性"的值来计算的，因此子元素最终的width值为200px×50%=100px，height值为160px×50%=80px，font-size值为30px×50%=15px。

当然，我们在浏览器控制台也能直观地看出这些值，如图1-5所示。

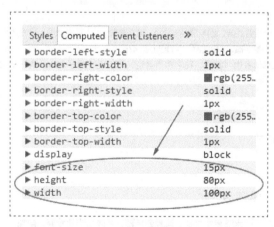

图1-5　控制台

3. em

在CSS中，em是相对于"**当前元素**"的字体大小而言的。其中，1em就等于"**当前元素**"字体大小。这里的字体大小指的是以px为单位的font-size值。例如，当前元素的font-size

值为 10px，则 1em 等于 10px；当前元素的 font-size 值为 20px，则 1em 等于 20px，依此类推。

此外需要注意，如果当前元素的 font-size 没有定义，则当前元素会继承父元素的 font-size。如果当前元素的所有祖先元素都没有定义 font-size，则当前元素会继承浏览器默认的 font-size。其中，所有浏览器默认的 font-size 值都是 16px。

在 CSS 中，使用 em 作为单位有以下 3 个小技巧。

▶ 技巧一：首行缩进使用 text-indent:2em 来实现。

我们都知道，在网页排版中，段落的首行一般会缩进两个字的间距。如果要实现这个效果，text-indent 值应该是 font-size 值的两倍。此时，我们使用 text-indent:2em 就可以轻松实现。

▛ 举例：首行缩进

```
<!DOCTYPE html>
<html>
<head>
    <meta charset="utf-8" />
    <title></title>
    <style type="text/css">
        p
        {
            font-size:14px;
            text-indent:2em;
            width:360px;
        }
    </style>
</head>
<body>
    <h3>爱莲说</h3>
    <p>水陆草木之花，可爱者甚蕃。晋陶渊明独爱菊。自李唐来，世人甚爱牡丹。予独爱莲之出淤泥而不染，濯清涟而不妖，中通外直，不蔓不枝，香远益清，亭亭净植，可远观而不可亵玩焉。</p>
    <p>予谓菊，花之隐逸者也；牡丹，花之富贵者也；莲，花之君子者也。噫！菊之爱，陶后鲜有闻；莲之爱，同予者何人？牡丹之爱，宜乎众矣。</p>
</body>
</html>
```

预览效果如图 1-6 所示。

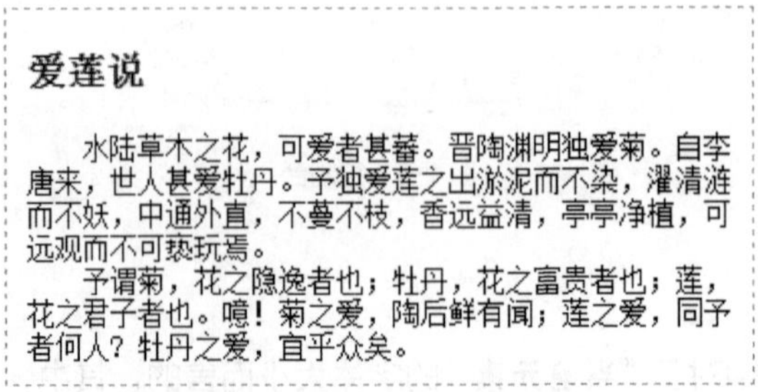

图 1-6 em 作为单位

▌ **分析**

在这个例子中，text-indent:2em; 等价于 text-indent:28px;。对于首行缩进，我们使用 em 作为单位会比使用 px 作为单位更好。为什么呢？因为使用 px 作为单位时，如果我们定义 font-size 为 14px，则 text-indent 就应该定义为 28px；如果我们定义 font-size 为 15px，则 text-indent 就应该定义为 30px，依此类推。但是当我们使用 em 作为单位时，不管 font-size 定义为多少 px，我们只需要将 text-indent 定义为 2em 即可。这种方式不需要计算，相对来说更加方便。

▶　技巧二：使用 em 作为统一单位。

我们首先要非常清楚一点：**所有浏览器默认字体大小都是 16px**。

如果在一个页面中，我们想要统一使用 em 作为单位，此时可以从默认字体大小下手。也就是说，对于任何元素我们都不需要设置 font-size 为多少 px，而是继承根元素的 font-size 值（即 16px），然后再使用 em 换算即可。

如果使用浏览器默认字体大小（16px），其中 em 与 px 对应关系如下。

```
1em = 16px×1 = 16px
0.75em = 16px×0.75 = 12px
```

为了简化 font-size 的计算，我们在 CSS 中提前声明 body{font-size:62.5%;}。通过这个声明，我们可以使默认字体大小变为 16px×62.5%=10px，此时 em 与 px 对应关系如下。

```
1em = 10px
0.75em = 7.5px
```

也就是说，我们只需要将原来的 px 值除以 10，然后换上 em 作为单位就行了。这是一个非常棒的技巧。在实际开发中，如果我们想要统一使用 em 作为单位，都会使用这个技巧。大家仔细琢磨以下两个实例，认真理解一下 em 的用法。

▌ **举例**

```
<!DOCTYPE html>
<html>
<head>
    <meta charset="utf-8" />
    <title></title>
    <style type="text/css">
        body{font-size:62.5%;}
        #p1{font-size:1em;}
        #p2{font-size:1.5em;}
        #p3{font-size:2em;}
    </style>
</head>
<body>
    <p id="p1">当前字体大小为1em，也就是10px</p>
    <p id="p2">当前字体大小为1.5em，也就是15px</p>
    <p id="p3">当前字体大小为2em，也就是20px</p>
</body>
</html>
```

预览效果如图 1-7 所示。

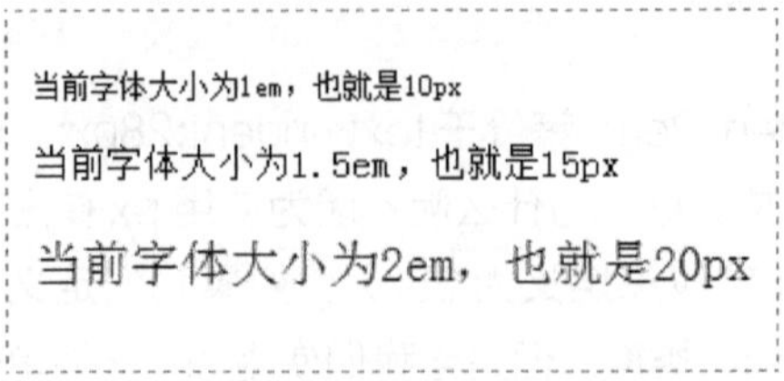

当前字体大小为1em，也就是10px

当前字体大小为1.5em，也就是15px

当前字体大小为2em，也就是20px

图 1-7　em 作为单位

一个 p 元素 width 为 150px，height 为 75px，font-size 为 15px，text-indent 为 30px。如果我们想要全部使用 em 作为单位，该如何实现呢？请看下面的例子。

▍举例

```html
<!DOCTYPE html>
<html>
<head>
    <meta charset="utf-8" />
    <title></title>
    <style type="text/css">
        *{padding:0;margin:0;}
        html{font-size:62.5%;}
        p{display:inline-block;border:1px solid silver;}
        /*使用px作为单位*/
        #p1
        {
            font-size:15px;
            width:150px;
            height:75px;
            text-indent:30px;
        }
        /*使用em作为单位*/
        #p2
        {
            font-size:1.5em;
            width:10em;
            height:5em;
            text-indent:2em;
        }
    </style>
</head>
<body>
    <p id="p1">绿叶学习网成立于2015年4月1日，是一个富有活力的技术学习网站。</p>
    <p id="p2">绿叶学习网成立于2015年4月1日，是一个富有活力的技术学习网站。</p>
</body>
</html>
```

预览效果如图 1-8 所示。

▍分析

在这个例子中，我们分别使用 px 和 em 作为单位，从而得出对比效果。有些小伙伴可能会疑惑：使用 em 作为单位时，width 不应该是 15em 吗，为什么是 10em 呢？ height 不应该是 7.5em

吗，为什么是5em呢？

绿叶学习网成立于
2015年4月1日，是一
个富有活力的技术学习
网站。

绿叶学习网成立于
2015年4月1日，是一
个富有活力的技术学习
网站。

图1-8 em作为单位

很多初学者都会有以上疑问。不过很好解决，我们回过头来看看em的定义："在CSS中，em是相对于'**当前元素**'的字体大小而言的。其中，1em就等于'**当前元素**'字体大小。"

稍微琢磨一下，大家都会明白为什么了。其实在这个例子中，当前元素的font-size为10px×1.5em=15px，如果width和height也要以em为单位，就得以当前元素的font-size值（15px）再计算一次。

```
width：150px/15px = 10em
height：75px/15px = 5em
```

也就是说，在实际开发中，对于em，我们一般需要计算两次。

第1次，当前元素font-size属性的px值。

第2次，当前元素其他属性（如width、height等）的px值。

▶ 技巧三：使用em作为字体大小单位。

如果想控制一个页面的字体大小，使用px作为单位时可扩展性不好，使用百分比作为单位时也不符合习惯，最佳选择是使用em作为单位来定义字体大小。使用em作为单位，当需要改变页面整体的文字大小时，我们只需要改变根元素字体大小即可，工作量变得非常少。em这个特点在跨平台网站开发中有着明显的优势。

4. rem

rem，全称font size of the root element，是指相对于根元素（即html元素）的字体大小。rem是CSS3新引入的单位，目前的主流浏览器，除了IE8之外，大部分是支持rem的。rem布局是移动端最常见的布局方式之一。

我们可以通过这个网址查看rem的支持情况：http://caniuse.com/#search=rem。

rem跟em很相似，不过也有明显区别：**em是相对"当前元素"的字体大小，而rem是相对"根元素"的字体大小**。这里的font-size指的都是以px为单位的font-size值。

▌ 举例

```
<!DOCTYPE html>
<html>
<head>
    <meta charset="utf-8" />
    <title></title>
    <style type="text/css">
        html{font-size:62.5%;}
        #father
```

```
        {
            width:200px;
            height:160px;
            border:1px solid blue;
            font-size:2rem;
        }
        #son
        {
            width:150px;
            height:100px;
            border:1px solid red;
            font-size:2rem;
        }
    </style>
</head>
<body>
    <div id="father">
        绿叶学习网
        <div id="son">绿叶学习网</div>
    </div>
</body>
</html>
```

预览效果如图 1-9 所示。

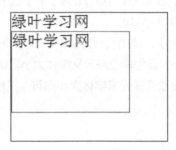

图1-9　rem 作为单位

▶ 分析

从这里我们可以看出 rem 是相对根元素（html 元素）的 font-size 而言的。

【解惑】

在实际开发中，CSS 单位用 px 好，还是用 em 好呢？

国外大部分主流网站都是使用 em 作为单位，而且 W3C 也建议我们使用 em 作为单位。但是我们发现国内大多数网站，包括三大门户"新浪""搜狐""网易"，都是采用 px 作为单位。这是为什么呢？

原来在国外，某些国家的法律规定网站要具有适应性，特别是美国。对于以前版本的 IE，我们无法调整那些使用 px 作为单位的字体大小。虽然现在的 IE 版本几乎都支持，但我们也推荐读者使用 px 作为单位，因为用 px 作为单位非常便于计算长度。

1.3　CSS特性

CSS具有两大特性：继承性和层叠性。在这一节中，我们来给大家详细介绍一下CSS的这两大特性。

1.3.1　继承性

CSS的继承性，是指子元素继承了父元素的某些样式属性。例如，在父元素定义了字体颜色（color属性）后，子元素会继承父元素的字体颜色。不过我们要注意，并不是所有属性都具有继承性，如padding、margin、border等就不具备继承性。其实小伙伴们稍微想一下，要是padding、margin、border这些属性有继承性，那可是一件非常恐怖的事情。

CSS的制定者（W3C）为我们考虑得很周到，只有那些能够给我们带来书写便利的属性才可以继承。在CSS中，具有继承性的属性有3类。

- ▶ **文本相关属性**：font-family、font-size、font-style、font-weight、font、line-height、text-align、text-indent、word-spacing。
- ▶ **列表相关属性**：list-style-image、list-style-position、list-style-type、list-style。
- ▶ **颜色相关属性**：color。

我们不必全部记住这些属性，但是每一个属性至少都要了解一下。

▼ 举例

```
<!DOCTYPE html>
<html>
<head>
    <meta charset="utf-8" />
    <title></title>
    <style type="text/css">
        #father{color:red;font-weight:bold}
    </style>
</head>
<body>
    <div id="father">
        绿叶学习网
        <div id="son">绿叶学习网</div>
    </div>
</body>
</html>
```

预览效果如图1-10所示。

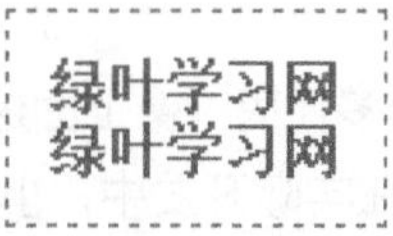

绿叶学习网
绿叶学习网

图1-10　CSS继承性展示

▰ 分析

这里为父元素定义了 color 和 font-weight 两个属性，从预览效果中我们可以看到子元素继承了父元素的这两个属性值。

▰ 举例：超链接的特殊情况

```
<!DOCTYPE html>
<html>
<head>
    <meta charset="utf-8" />
    <title></title>
    <style type="text/css">
        #father{color:red;font-weight:bold}
    </style>
</head>
<body>
    <div id="father">
        绿叶学习网
        <a href="http://www.lvyestudy.com">绿叶学习网</a>
    </div>
</body>
</html>
```

预览效果如图 1-11 所示。

▰ 分析

这是怎么回事？不是说 color 是继承属性吗？明明在父元素定义了 color:red;，为什么子元素却没有变成红色呢？我们查看一下浏览器控制台，如图 1-12 所示。

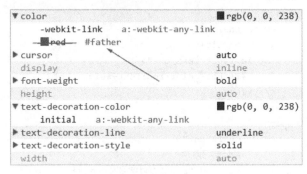

图 1-11　超链接的特殊情况　　　　　　　　图 1-12　控制台

从图 1-12 可以看到继承的颜色被划掉了，其实这是因为 a 元素本身有默认的颜色样式，优先级比继承的颜色要高。如果想要改变 a 元素的颜色，必须选中 a 元素进行操作才行。当然，如果想要 a 元素也能继承父元素颜色的话，可以在 a 元素中使用"color:inherit;"来实现。a 元素的这个特点，我们在实际开发中会经常碰到。

CSS 的继承性，可以让我们少写很多代码。像上面这个例子，我们只要在父元素中定义了属性，就不需要在子元素中重复定义了。在实际开发中，小伙伴们应该充分地利用 CSS 的继承性，从而减少重复代码的编写，这样可以让 CSS 代码显得更加精简优雅，提高可读性和可维护性。

1.3.2 层叠性

在学习 CSS 层叠性之前，先问大家一个问题："如果在网页中，对于同一个元素，我们重复定义了多个相同的属性时，CSS 会怎么处理呢？"先看一个具体实例。

```
<!DOCTYPE html>
<html>
<head>
    <meta charset="utf-8" />
    <title></title>
    <style type="text/css">
        div{color:red;}
        div{color:orange;}
        div{color:blue;}
    </style>
</head>
<body>
    <div>绿叶学习网</div>
    <div>绿叶学习网</div>
    <div>绿叶学习网</div>
</body>
</html>
```

预览效果如图 1-13 所示。

```
绿叶学习网
绿叶学习网
绿叶学习网
```

图 1-13 CSS 层叠性展示

▰ 分析

在这个例子中，我们首先定义了所有 div 颜色为 red，然后定义所有 div 颜色为 orange，最后定义所有 div 颜色为 blue。由于 CSS 的层叠性，color:orange; 会覆盖 color:red;，然后 color:blue; 会覆盖 color:orange;。因此，最终所有 div 元素的颜色为 blue。

当然，我们从浏览器控制台也能很直观地看出来，被覆盖的样式会被划掉，如图 1-14 所示。

图 1-14 控制台

　　CSS 的层叠性，指的就是样式的覆盖。对于同一个元素来说，如果我们重复定义多个相同的属性，并且这些样式具有相同的权重时，CSS 会以最后定义的属性值为准，也就是遵循**"后来者居上"**原则。

▶ **举例**

```
<!DOCTYPE html>
<html>
<head>
    <meta charset="utf-8" />
    <title></title>
    <style type="text/css">
        /*单独定义第2个div颜色为purple*/
        #second{color:purple;}
        /*定义所有div颜色为red*/
        div{color:red;}
    </style>
</head>
<body>
    <div>绿叶学习网</div>
    <div id="second">绿叶学习网</div>
    <div>绿叶学习网</div>
</body>
</html>
```

预览效果如图 1-15 所示。

```
绿叶学习网
绿叶学习网
绿叶学习网
```

图 1-15　CSS 层叠性

▶ **分析**

　　按"后来者居上"原则，所有 div 颜色最终都应该是 red，为什么第 2 个 div 颜色还是 purple 呢？其实，"后来者居上"原则必须符合以下 3 个条件。

▸ 元素相同。

▸ 属性相同。

▸ 权重相同。

权重，指的是选择器的权值，在 1.4 节中，我们再详细介绍。

【解惑】

　　为什么 CSS 要有"层叠"这个特性呢？

　　对于同一个页面的某一个元素，可能会同时受到多个样式表的影响。然后同一个项目经过多次迭代的话，也会产生同样的问题："最终应该使用谁定义的样式呢？"此时，CSS 层叠性就显得非常重要了。

1.4 CSS优先级

CSS全称"Cascading Style Sheet（层叠样式表）"。很多人只知道CSS是用来控制样式的，并没有深入理解"**层叠**"这两个字的含义。

"**层叠**"，其实指的就是样式的覆盖。当样式的覆盖发生冲突时，以优先级高的为准。当"同一个元素"的"同一个样式属性"被运用上多个属性值时，我们就需要遵循一定的优先级规则来选择一个属性值了。

对于样式覆盖发生的冲突，常见的共有以下5种情况。

- ▶ 引用方式冲突。
- ▶ 继承方式冲突。
- ▶ 指定样式冲突。
- ▶ 继承样式和指定样式冲突。
- ▶ !important。

1.4.1 引用方式冲突

我们知道CSS有3种常用的引用方式：外部样式、内部样式和行内样式。CSS因引用方式的不同，也会产生冲突。这3种引入方式的优先级如下。

行内样式 >（内部样式 = 外部样式）

行内样式的优先级最高，内部样式与外部样式优先级相同。如果内部样式与外部样式同时存在，则以最后引用的样式为准。（"后来者居上"原则。）

▼ 举例

```
<!DOCTYPE html>
<html>
<head>
    <meta charset="utf-8" />
    <title></title>
    <link href="index.css" rel="stylesheet" type="text/css" />
    <style type="text/css">
        div{color:orange;}
    </style>
</head>
<body>
    <div style="color:blue;">绿叶学习网</div>
</body>
</html>
```

预览效果如图1-16所示。

绿叶学习网

图1-16 引用方式冲突

▌ **分析**

在这个例子中，我们定义外部样式为 color:red;，内部样式为 color:orange;，行内样式为 color:blue;。从优先级角度出发，color:orange; 会覆盖 color:red;，然后 color:blue; 会覆盖 color:orange;。因此字体最终颜色为 blue。

1.4.2　继承方式冲突

如果是由于继承方式引起的冲突，则"最近的祖先元素"获胜。继承，指的是 CSS 的继承性。祖先元素，指的是当前元素的父元素、爷元素……当然，爷元素只是一个形象的叫法。

▌ **举例**

```html
<!DOCTYPE html>
<html>
<head>
    <meta charset="utf-8" />
    <title></title>
    <style type="text/css">
        body{color:red;}
        #grandfather{color:green;}
        #father{color:blue;}
    </style>
</head>
<body>
    <div id="grandfather">
        <div id="father">
            <div id="son">绿叶学习网</div>
        </div>
    </div>
</body>
</html>
```

预览效果如图 1-17 所示。

绿叶学习网

图1-17　继承方式冲突

▌ **分析**

由于继承方式引起了冲突，因此最近的祖先元素获胜，字体最终颜色为 blue。在这个例子中，#son 元素最近的祖先元素为 #father 元素。如果 #father 元素没有定义 color 属性，则最近的祖先元素为 #grandfather 元素。

1.4.3　指定样式冲突

所谓的指定样式，指的是指定"**当前元素**"的样式。当直接指定的样式发生冲突时，样式权重高者获胜。

在 CSS 中，各种选择器的权重如表 1-3 所示。

表 1-3 选择器权重

选择器	权重
通配符	0
伪元素	1
元素选择器	1
class 选择器	10
伪类	10
属性选择器	10
id 选择器	100
行内样式	1000

常见的伪元素只有 4 个: ::before、::after、::first-letter 和 ::first-line。伪类我们经常见到，如 hover、:first-child 等。常用的选择器优先级如下。

行内样式 > id 选择器 > class 选择器 > 元素选择器

举例

```
<!DOCTYPE html>
<html>
<head>
    <meta charset="utf-8" />
    <title></title>
    <style type="text/css">
         #lvye{color:red;}
         .lvye{color:green;}
         div{color:blue;}
     </style>
</head>
<body>
    <div id="lvye" class="lvye">绿叶学习网</div>
</body>
</html>
```

预览效果如图 1-18 所示。

图 1-18 指定样式冲突

分析

id 选择器权重最高，因此 div 元素 color 属性的最终值为 red。这里要注意一点，我们不应该只从样式顺序来判断。因为只有选择器权重相同时，才会遵从“后来者居上”原则。

举例：权重计算

```
<!DOCTYPE html>
<html>
<head>
    <meta charset="utf-8" />
    <title></title>
    <style type="text/css">
        #outer p
        {
            /*权重=100+1=101*/
            color:red;
        }
        #outer .inner
        {
            /*权重=100+10=110*/
            color:green;
        }
        #outer p strong
        {
            /*权重=100+1+1=102*/
            color:blue;
        }
        #outer p span strong
        {
            /*权重=100+1+1+1=103*/
            color:purple;
        }
    </style>
</head>
<body>
    <div id="outer">
        <p class="inner">
            <span><strong>绿叶学习网</strong></span>
        </p>
    </div>
</body>
</html>
```

预览效果如图1-19所示。

图1-19 权重计算

分析

在预览效果中，我们可以看到strong标签的文本颜色为purple（紫色）。怎么回事？按道理说，“#outer .inner{}”的权重最高，文本颜色应该为green（绿色）啊！

其实会出现这种疑问，是因为小伙伴们没有认真理解"指定样式冲突"是怎样一回事。所谓的指定样式冲突，指的是"**当前元素**"的样式发生冲突。

在这个例子中，我们所针对的当前元素是 strong，然而"#outer .inner{}"针对的元素是 p （strong 的祖先元素），并不是 strong。

准确来说，如果当前元素为 strong，则"#outer .inner{}"和"#outer p"都属于继承样式。在继承样式中，我们是不能用选择器权重这一套东西来计算的。

由此我们可以总结：**在 CSS 中，选择器权重的计算只针对指定样式（当前元素），并不能用于继承样式。**

1.4.4 继承样式和指定样式冲突

当继承样式和指定样式发生冲突时，指定样式获胜。

▼ 举例

```html
<!DOCTYPE html>
<html>
<head>
    <meta charset="utf-8" />
    <title></title>
    <style type="text/css">
        body{color:red;}
        #outer{color:green;}
        #outer #inner{color:blue;}
        span{color:purple;}
        strong{color:black;}
    </style>
</head>
<body>
    <div id="outer">
        <p class="inner">
            <span><strong>绿叶学习网</strong></span>
        </p>
    </div>
</body>
</html>
```

预览效果如图 1-20 所示。

绿叶学习网

图 1-20　继承样式和指定样式冲突

▼ 分析

由于 CSS 的继承性，strong 元素分别从 body、div 和 p 这 3 个元素继承了 color 属性，这些都属于继承样式。最后，由于 strong{color:black;} 这一句指定了 strong 元素的 color 属性（指定样式），因此最终 strong 元素的 color 属性为 black。

对于样式冲突，我们不能笼统地都用权重来计算，例如 body{color:red;} 权重为 1，#outer {color:green;} 为 100，#outer #inner{color:blue;} 权重为 200，span{color:purple;} 权重为 1，strong{color:black;} 权重为 1，然后就判断 strong 元素的 color 属性为 blue。

在 CSS 中，选择器权重的计算只针对指定样式（当前元素），并不能用于继承样式。当继承样式和指定样式发生冲突时，指定样式获胜。我们应该先判断指定样式，然后再去考虑继承样式。

1.4.5　!important

在 CSS 中，我们可以使用 !important 规则来改变样式的优先级。如果一个样式使用"!important"来声明，则这个样式会覆盖 CSS 中其他的任何样式声明。

如果你一定要使用某个样式属性值，为了不让它被覆盖，则可以使用 !important 来实现。换句话说，如果你想要覆盖其他所有样式，可以使用 !important 来实现。

▌ 举例

```html
<!DOCTYPE html>
<html>
<head>
    <meta charset="utf-8" />
    <title></title>
    <style type="text/css">
        #outer strong
        {
            /*权重=100+1=101*/
            color:red;
        }
        #outer .inner strong
        {
            /*权重=100+10+1=111*/
            color:green;
        }
        .inner strong
        {
            /*权重=10+1=11*/
            color:blue;
        }
        .inner span strong
        {
            /*权重=10+1+1=12*/
            color:purple;
        }
        strong
        {
            color:black !important;
        }
```

```
        </style>
    </head>
    <body>
        <div id="outer">
            <p class="inner">
                <span><strong>绿叶学习网</strong></span>
            </p>
        </div>
    </body>
</html>
```

预览效果如图 1-21 所示。

绿叶学习网

图 1-21　!important 实例

▛ 分析

预览效果中，strong 元素的 color 属性值为 black。正常来说，#outer .inner strong{} 权重最高，strong 元素的 color 属性值应该是 green。但是由于 strong{} 中应用了 !important，因此 strong 元素的 color 属性值最终为 black。

1. !important 的用法

在 CSS 中，!important 有以下两种常见的使用情况。

▶ 情况一。

```
#someId p{color:red;}
p{color:green;}
```

在外层有 #someId 的情况下，怎样才能让 p 变为 green 呢？在这种情况下，如果不使用 !important，则第一条样式永远比第二条样式优先级更高。

　▶ 情况二。

我们可能会碰到这种情况：你或者你的同事写了一些效果很差的行内样式（行内样式优先级往往是最高的），然后你又想在内部样式表或者外部样式表中修改这个样式，在这种情况下，你就应该想到在内部样式表或者外部样式表中使用 !important 来覆盖那些行内样式。

举一个实际的例子：有人在 jQuery 插件中写了糟糕的行内样式，而你需要在 CSS 文件中修改这些样式。

2. 如何覆盖 !important

想要覆盖 !important 声明的样式很简单，共有两种解决方法。

▶ 使用相同的选择器，再添加一条 !important 的 CSS 语句。

不过这个 CSS 语句得放在后面。因为在优先级相同的情况下，后面定义的属性会覆盖前面定义的属性。（"后来者居上"原则。）

▶　使用更高优先级的选择器，再添加一条 !important 的 CSS 语句。

使用"大杀器"!important 可以将样式提升到最高优先级，不管这个样式在哪个样式表或是在哪个选择器中均如此。如果在同一样式中出现了多个 !important，则遵循"后来者居上"原则。

最后，在实际开发的过程中，经常会碰到写在后面的样式被写在前面的样式给覆盖了的情况，这时候就应该考虑一下是否是 CSS 优先级引起的问题。了解 CSS 优先级的规则，能为提高我们的开发效率。对于本节介绍的样式冲突的 5 种情况，我们只需要认真把每一个规则都理解一遍即可，并不需要死记硬背。在前端工作中，经过一定的实践，我们自然会有深刻的理解。

总而言之，对于 CSS 优先级的内容，主要掌握以下两条黄金定律即可。

▶　**优先级高的样式覆盖优先级低的样式。**

▶　**同一优先级的样式，后定义的覆盖先定义的，即"后来者居上"原则。**

1.5　CSS 引用方式

在初学阶段，我们接触了 3 种 CSS 引用方式，这里简单回顾一下。

▶　外部样式表。

▶　内部样式表。

▶　行内样式表。

除了这 3 种方式，在 CSS 中其实还有一种 @import 方式（即"导入样式表"）。@import 方式跟外部样式表很相似。不过在实际开发中，我们极少使用 @import 方式，而更倾向于使用 link 方式（外部样式）。原因在于 @import 方式先加载 HTML 后加载 CSS，而 link 先加载 CSS 后加载 HTML。如果 HTML 在 CSS 之前加载，页面用户体验会非常差。因此，我们不需要去了解 @import 方式。

▛ 举例: 3 种引用方式

```
<!DOCTYPE html>
<html>
<head>
    <meta charset="utf-8" />
    <title></title>
    <!--这是外部样式,CSS样式在外部文件中定义-->
    <link href="index.css" rel="stylesheet" type="text/css" />
    <!--这是内部样式,CSS样式在style标签中定义-->
    <style type="text/css">
        p{color:Red;}
    </style>
</head>
<body>
    <!--这是行内样式,CSS样式在元素style属性中定义-->
    <p style="color:Blue;">绿叶学习网</p>
    <p>绿叶学习网</p>
    <p>绿叶学习网</p>
</body>
</html>
```

1.5.1 外部样式表

外部样式表是最理想的 CSS 引用方式。在实际开发当中，为了提升网站的性能和可维护性，一般都是使用外部样式表。所谓的"外部样式表"，指的是把 CSS 代码和 HTML 代码分别放在不同文件中，然后在 HTML 文档中使用 link 标签来引用 CSS 样式表。

当样式需要被应用到多个页面时，外部样式表是最理想的选择。使用外部样式表，你就可以通过更改一个 CSS 文件来改变整个网站的外观。

外部样式表在单独文件中定义，并且在 <head></head> 标签对中被 link 标签引用。

1.5.2 内部样式表

我们都知道外部样式表是最理想的 CSS 引用方式，那这是不是意味着内部样式表和行内样式表就一无是处呢？答案是否定的。

在实际开发中，相同频道的页面都会有相同的样式，我们一般会将这种公有样式放在外部样式表中。例如绿叶学习网的所有文章页面都同属一个频道，这些页面都具有相同的样式（假如 CSS 文件为 article.css），如图 1-22 所示。

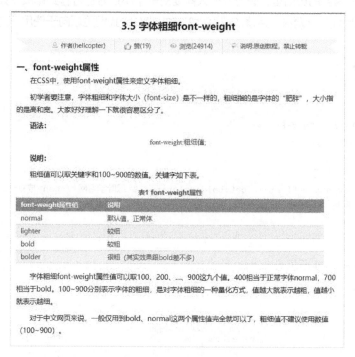

图 1-22 绿叶学习网的文章页面

但是当有一些页面需要"个别样式"时，我们就不应该把这些"个别样式"放在"公有样式"（article.css）中去。因为这些个别样式只需要应用在几个页面中，如果我们把这些个别样式放到公有样式中，会导致所有页面都加载一次个别样式，这样会影响加载速度。遇到这种情况时，我们就不能只用外部样式表来解决，比较好的解决方法是在这些需要定义个别样式的页面中使用内部样式表来定义。

在绿叶学习网的文章页面中，大部分页面的表格都是两列的样式，因此我们把两列表格样式放入公有样式（article.css）中，但是极个别页面需要用到三列表格，如图 1-23 所示。此时，我们在对应的页面的内部样式表中进行定义即可。

transform-origin属性取值		
关键字	百分比	说明
top left	0 0	左上
top center	50% 0	靠上居中
top right	100% 0	右上
left center	0 50%	靠左居中
center center	50% 50%	正中
right center	100% 50%	靠右居中
bottom left	0 100%	左下
bottom center	50% 100%	靠下居中
bottom right	100% 100%	右下

图 1-23　绿叶学习网文章页面的三列表格

1.5.3　行内样式表

在一个样式非常多的页面里，有时我们只需要对一个小地方进行样式修改（如加粗、改变颜色等）。对于这种只出现了一两次、且修改幅度小的样式修改，我们更倾向于使用行内样式表来实现。

▶ 举例

```
<!DOCTYPE html>
<html>
<head>
    <meta charset="utf-8" />
    <title></title>
</head>
<body>
    <div><span style="font-weight:bold;color:red;">绿叶学习网</span>成立于2015年4月1日，是一个富有活力的技术学习网站。在这里，我们只提供互联网精品的Web系列图书和在线教程。</div>
</body>
</html>
```

预览效果如图 1-24 所示。

图 1-24　行内样式实例

▼ 分析

在这个例子中，我们要对"绿叶学习网"这个词进行加粗并且改变颜色。如果这个页面内容过多、CSS 样式过大的话，使用行内样式表会更加方便。首先，外部样式表我们是不可能考虑的。其次，如果使用内部样式表，我们可能还得为这个 span 元素定义一个 id 或者 class，这显得十分多余。因此，最好的办法还是使用行内样式表，这个技巧在我们绿叶学习网也经常用到，如图 1-25 所示。

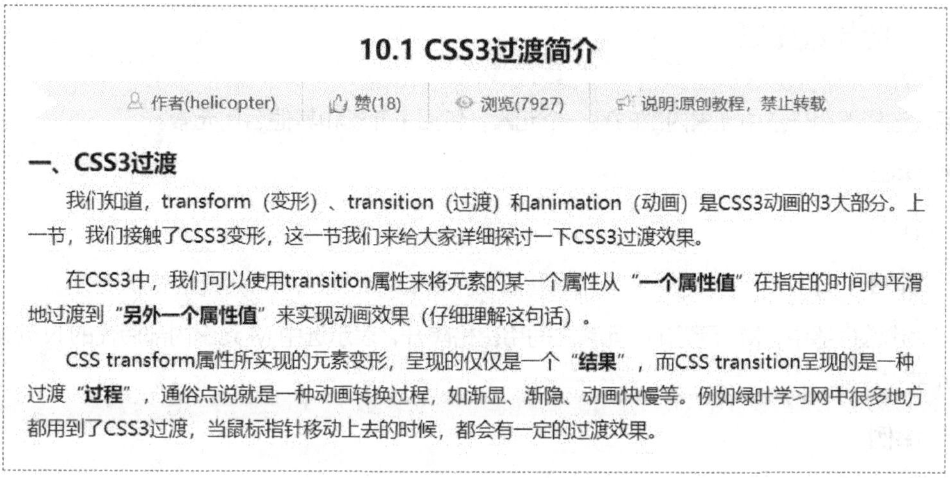

10.1 CSS3过渡简介

🙎 作者(helicopter)　　　👍 赞(18)　　　👁 浏览(7927)　　　✏ 说明:原创教程，禁止转载

一、CSS3过渡

我们知道，transform（变形）、transition（过渡）和animation（动画）是CSS3动画的3大部分。上一节，我们接触了CSS3变形，这一节我们来给大家详细探讨一下CSS3过渡效果。

在CSS3中，我们可以使用transition属性来将元素的某一个属性从 **"一个属性值"** 在指定的时间内平滑地过渡到 **"另外一个属性值"** 来实现动画效果（仔细理解这句话）。

CSS transform属性所实现的元素变形，呈现的仅仅是一个 **"结果"**，而CSS transition呈现的是一种过渡 **"过程"**，通俗点说就是一种动画转换过程，如渐显、渐隐、动画快慢等。例如绿叶学习网中很多地方都用到了CSS3过渡，当鼠标指针移动上去的时候，都会有一定的过渡效果。

图1-25　绿叶学习网使用的行内样式

在实际开发中，我们应该灵活地配合使用外部样式表、内部样式表以及行内样式表，而不是一味地只用外部样式表。事实上，**外部样式表多用于公有样式，内部样式表多用于私有样式，而行内样式表则多用于小修改或者优先级方面。**

1.6　CSS 选择器

CSS 选择器就是把你想要的标签选中的一种方式。把它选中了，你才能操作标签的 CSS 样式。CSS 中提供了很多将标签选中的方式，这些不同的方式就是不同的选择器。

在 CSS 入门阶段，我们学习了以下几种选择器。

▶ 元素选择器。

▶ id 选择器。

▶ class 选择器。

▶ 群组选择器。

以上几种都是 CSS 中最基本的选择器，大家可以到绿叶学习网的 CSS 入门教程中了解一下，在这里就不再详细展开。在这一节中，我们给大家重点讲解 CSS2.1 中的层次选择器。

层次选择器，指的是通过元素之间的层次关系来选择元素。层次选择器在实际开发中是相当重要的。常见的层次关系包括父子、后代、兄弟、相邻等关系。

在 CSS 中，层次选择器共有 4 种，如表 1-4 所示。

表1-4 CSS层次选择器

选择器	说明
M N	后代选择器，选择M元素内部后代的N元素（所有N元素）
M>N	子代选择器，选择M元素内部子代的N元素（所有第1级N元素）
M~N	兄弟选择器，选择M元素后所有的同级N元素
M+N	相邻选择器，选择M元素相邻的下一个N元素（M、N是同级元素）

1.6.1 后代选择器

后代选择器用于选中元素内部的某一个元素，包括子元素和其他后代元素。

语法

```
M N{}
```

说明

在后代选择器中，M元素和N元素之间用空格隔开，表示选中M元素内部后代的N元素（所有N元素）。

举例

```
<!DOCTYPE html>
<html>
<head>
    <meta charset="utf-8" />
    <title></title>
    <style type="text/css">
        #first p
        {
            color: red;
        }
    </style>
</head>
<body>
    <div id="first">
        <p>lvye的子元素</p>
        <p>lvye的子元素</p>
        <div id="second">
            <p>lvye子元素的子元素</p>
            <p>lvye子元素的子元素</p>
        </div>
        <p>lvye的子元素</p>
        <p>lvye的子元素</p>
    </div>
</body>
</html>
```

预览效果如图1-26所示。

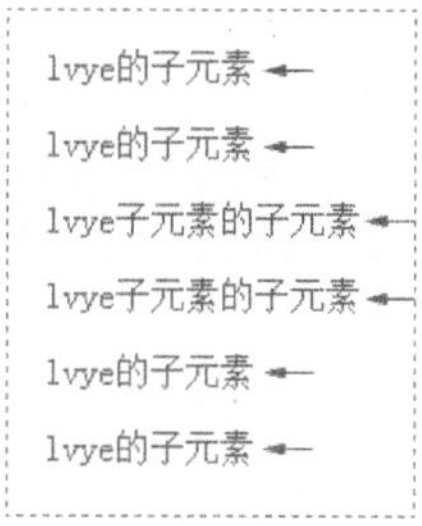

图 1-26　后代选择器

▶ 分析

#first p 表示选中 id="first" 的元素内部的所有 p 元素，因此不管是子元素，还是其他后代元素，全部都会被选中。

1.6.2　子代选择器

子代选择器用于选中元素内部的某一个子元素。子代选择器跟后代选择器很相似，但二者也有着明显的区别。

- ▸　后代选择器，选中的是元素内部所有的元素（包括子元素）。
- ▸　子代选择器，选中的是元素内部某一个子元素（只限子元素）。

▶ 语法

M>N{}

▶ 说明

在子代选择器中，M 元素和 N 元素之间使用"＞"选择符，表示选中 M 元素内部的子元素 N。

▶ 举例

```
<!DOCTYPE html>
<html>
<head>
    <meta charset="utf-8" />
    <title></title>
    <style type="text/css">
        #first>p
        {
            color: red;
        }
    </style>
</head>
<body>
    <div id="first">
        <p>lvye的子元素</p>
        <p>lvye的子元素</p>
        <div id="second">
```

```
                <p>lvye子元素的子元素</p>
                <p>lvye子元素的子元素</p>
            </div>
            <p>lvye的子元素</p>
            <p>lvye的子元素</p>
        </div>
</body>
</html>
```

预览效果如图1-27所示。

图1-27 子代选择器效果

◤ 分析

#first>p表示选中id="first"的元素下的子元素p。这里与1.6.1小节中后代选择器的例子对比一下，我们可以很清楚地知道：子代选择器只选中子元素，不包括其他后代元素。

1.6.3 兄弟选择器

兄弟选择器用于选中元素后面（不包括前面）的某一类兄弟元素。

◤ 语法

```
M~N{}
```

◤ 说明

在兄弟选择器中，M元素和N元素之间使用“~”选择符，表示选中M元素后面的所有某一类兄弟元素N。

◤ 举例

```
<!DOCTYPE html>
<html>
<head>
    <meta charset="utf-8" />
    <title></title>
    <style type="text/css">
        #second~p
        {
            color: red;
```

```
            }
        </style>
</head>
<body>
    <div id="first">
        <p>lvye的子元素</p>
        <p>lvye的子元素</p>
        <div id="second">
            <p>lvye子元素的子元素</p>
            <p>lvye子元素的子元素</p>
        </div>
        <p>lvye的子元素</p>
        <p>lvye的子元素</p>
    </div>
</body>
</html>
```

预览效果如图 1-28 所示。

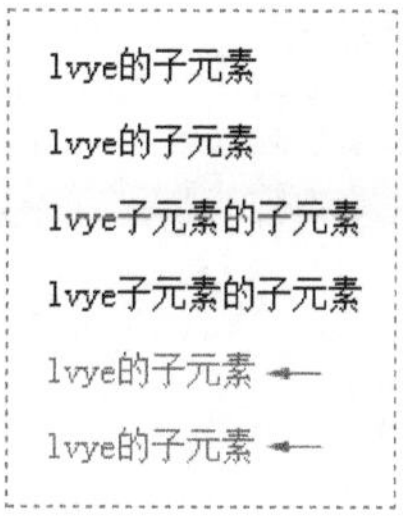

图 1-28　兄弟选择器

▶ 分析

#second~p 表示选中 id="second" 的元素后面的所有兄弟元素 p。记住，兄弟选择器只选中后面的所有兄弟元素，不包括前面的所有兄弟元素。

1.6.4　相邻选择器

相邻选择器，用于选中元素后面（不包括前面）的某一个"相邻"的兄弟元素。相邻选择器跟兄弟选择器也非常相似，不过二者也有明显的区别。

▶ 兄弟选择器选中元素后面"所有"的某一类元素。

▶ 相邻选择器选中元素后面"相邻"的某一个元素。

▶ 语法

M+N{}

▶ 说明

在相邻选择器中，M 元素和 N 元素之间使用"+"选择符，表示选中 M 元素后面的某一个相邻的兄弟元素 N。

� 举例

```
<!DOCTYPE html>
<html>
<head>
    <meta charset="utf-8" />
    <title></title>
    <style type="text/css">
        #second+p
        {
            color: red;
        }
    </style>
</head>
<body>
    <div id="first">
        <p>lvye的子元素</p>
        <p>lvye的子元素</p>
        <div id="second">
            <p>lvye子元素的子元素</p>
            <p>lvye子元素的子元素</p>
        </div>
        <p>lvye的子元素</p>
        <p>lvye的子元素</p>
    </div>
</body>
</html>
```

预览效果如图 1-29 所示。

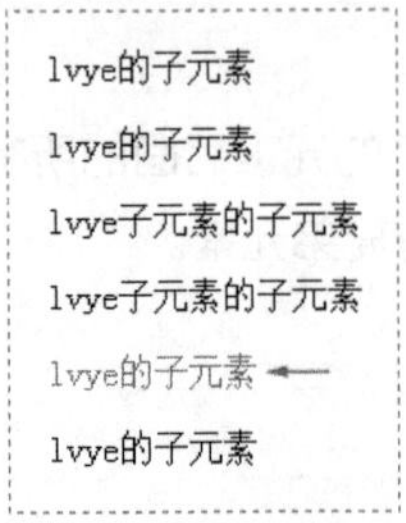

lvye的子元素

lvye的子元素

lvye子元素的子元素

lvye子元素的子元素

lvye的子元素 ←

lvye的子元素

图 1-29　相邻选择器效果

▮ 分析

#second+p 表示选中 id="second" 的元素后面的"相邻"的兄弟元素 p。

▮ 举例

```
<!DOCTYPE html>
<html>
<head>
    <meta charset="utf-8" />
    <title></title>
```

```
        <style type="text/css">
            /*去除所有元素默认的padding和margin*/
            * {padding: 0;margin: 0}
            /*去除列表项默认符号*/
            ul {list-style-type: none;}
            li+li {border-top: 2px solid red;}
        </style>
    </head>
    <body>
        <ul>
            <li>第1个元素</li>
            <li>第2个元素</li>
            <li>第3个元素</li>
            <li>第4个元素</li>
            <li>第5个元素</li>
            <li>第6个元素</li>
        </ul>
    </body>
    </html>
```

预览效果如图1-30所示。

第1个元素
第2个元素
第3个元素
第4个元素
第5个元素
第6个元素

图1-30 相邻选择器效果

分析

li+li 使用的是相邻选择器，表示选中 li 元素相邻的下一个 li 元素。由于最后一个 li 元素没有相邻的下一个 li 元素，所以它是没有下一个 li 元素可以选中的。li+li{border-top:2px solid red;} 就实现了在两两 li 元素之间添加一个边框的效果。

这是一个非常棒的技巧，在实际开发中如果想要在两两元素之间实现什么效果（如 border、margin 等），我们会经常用到这个技巧，大家一定要重点掌握。

例如，图1-31这个底部信息栏就可以用这个技巧来实现，大家可以尝试一下。

关于我们 | 联系我们 | 版权声明 | 免责声明 | 广告服务 | 意见反馈

图1-31 绿叶学习网底部信息栏

在这一节中，其实我们主要讲解的是以下两组选择器，这样划分就一目了然了。大家可以根据这个划分，深入对比，加深理解和记忆。

- 后代选择器和子代选择器。
- 兄弟选择器和相邻选择器。

1.7 :first-letter 和 :first-line

1.7.1 :first-letter 选择器

在 CSS 中，我们可以使用 :first-letter 选择器来选中元素内容中的“第一个字”或“第一个字母”。

◤ 语法

元素 :first-letter{}

◤ 举例

```
<!DOCTYPE html>
<html>
<head>
    <meta charset="utf-8" />
    <title></title>
    <style type="text/css">
        div:first-letter
        {
            font-size:30px;
            color:hotpink;
        }
    </style>
</head>
<body>
    <div>只要有树叶飞舞的地方，火就会燃烧。</div>
</body>
</html>
```

预览效果如图 1-32 所示。

图 1-32 :first-letter 选择器

1.7.2 :first-line 选择器

在 CSS 中，我们可以使用 :first-line 选择器来选中元素内容中的“第一行文字”。

◤ 语法

元素 :first-line{}

▛ **举例**

```html
<!DOCTYPE html>
<html>
<head>
    <meta charset="utf-8" />
    <title></title>
    <style type="text/css">
        div:first-line
        {
            color:hotpink;
        }
    </style>
</head>
<body>
    <div>你羡慕的生活背后,<br/>都有着你吃不了的苦。</div>
</body>
</html>
```

预览效果如图 1-33 所示。

你羡慕的生活背后，
都有着你吃不了的苦。

图 1-33   :first-line 选择器

至此，我们已经把 CSS2.1 中的选择器的内容学得差不多了。除了这些，其实还有非常多重要的选择器，不过大部分都是 CSS3 新增加的。本书只重点讲解 CSS2.1 的开发技巧，对于 CSS3 的内容就不再展开介绍。不过作为过来人，还是给小伙伴们一个温馨建议。CSS3 实在太强大了，你用几行代码就可以轻松实现非常"酷炫"的效果，用起来非常"爽"。大家学习完本书之后，一定要去学习一下 CSS3。

第 2 章　CSS 规范

2.1　CSS 规范简介

在日常工作中，你在写 CSS 的时候是不是经常会碰到以下问题？

▶ 你总是看不懂别人写的代码，或者读起来很吃力。

▶ 你总是怕自己的代码与同事的互相影响甚至是有冲突。

▶ 你的代码在多次维护之后，是否变得越来越"臃肿"，越来越难以维护。

▶ 当你需要修改同事写的代码时感觉无从下手，或者要去问他如果改了某些地方会不会影响其他代码。

......

为什么会出现这么多的问题？根本原因在于：CSS 代码没有规范化！规范化的 CSS 代码不仅有利于团队合作，而且对后期的维护以及代码的重用，都非常重要。

这一章我们将从以下 4 个方面来介绍关于 CSS 规范的内容。

▶ 命名规范。

▶ 书写规范。

▶ 注释规范。

▶ CSS reset。

2.2　命名规范

很多初学者甚至包括从事前端开发工作多年的小伙伴，在给 CSS 文件命名或者给元素 id 以及 class 命名时都会犯愁，总是不知道起什么名字好，没有深入了解的话，最终往往都是随便起个名字就算了。

其实，一个良好的命名规范，不仅可以提升代码的阅读体验，而且对搜索引擎优化也是非常重要的。命名规范主要包括两个方面：CSS 文件命名，id 和 class 命名。

2.2.1 CSS 文件命名

CSS 文件命名如表 2-1 所示。

表 2-1 CSS 文件命名

文件名	说明
reset.css	重置样式，重置元素默认样式
global.css	全局样式，全站公用，定义页面基础样式
theme.css	主题样式，用于实现换肤功能
module.css	模块样式，用于模块的样式
master.css	母版样式，用于母版页的样式
column.css	专栏样式，用于专栏的样式
form.css	表单样式，用于表单的样式
mend.css	补丁样式，用于维护、修改的样式
print.css	打印样式，用于打印的样式

reset.css 用于去除元素的默认样式，使得所有浏览器页面保持统一的外观。关于重置样式，我们会在后文"2.5 CSS reset"一节中进行介绍。

global.css 用于定义公共模块样式以及基础样式。常见的公共模块包括导航、底部信息栏等。基础样式包括全局字体、文字颜色等。

那么最大的疑问来了！平常我们都是把重置样式、导航样式等写在一个 CSS 文件里面，这里为什么还要划分那么多个文件出来呢？再者，一个 CSS 文件就会引起一次 HTTP 请求，而 HTTP 请求是需要耗费一定时间的。一个页面引入这么多 CSS 文件，加载速度岂不是非常慢？

事实上，把样式文件划分为多个文件，这是"开发阶段"的做法！按照功能模块划分 CSS 文件，是为了方便开发阶段的开发和修改。在整站发布的时候，我们会使用 gulp 或 webpack 等工具将多个 CSS 文件压缩合并成一个 CSS 文件。也就是说，开发阶段和发布阶段的操作是有区别的，大家一定要区分清楚。

2.2.2 id 和 class 命名

不少新手朋友对元素 id 和 class 的命名和使用很随意，似乎完全是凭心情进行。例如这个元素用了 id，那个元素就用 class 吧。其实，什么时候用 id，什么时候用 class，也是很讲究的。对于 id 和 class 的使用，我们在 HTML 进阶（本书附录部分）有详细介绍。

对于 id 和 class，好的命名有很多优点，不仅能提高可读性和可维护性，而且对搜索引擎优化也是相当重要的。搜索引擎通常是根据元素 id 或 class 的命名来识别一个页面。假如一个页面的元素命名很随意的话，搜索引擎"小蜘蛛"很容易迷路，这样会导致它以后很少来"光顾"你的网站。

比较常见的 id 和 class 命名方法有以下 3 种。

▶ 骆驼峰命名法，例如 topMain、subLeftMenu。

▶ 中划线命名法，例如 top-main、sub-left-menu。

▶　下划线命名法，例如 top_main、sub_left_menu。

在 CSS 中，对于元素 id 和 class 的命名，我们给出几点建议。

▶　使用英文命名而非中文命名。例如页面头部应该命名为"header"，而不是"头部"。

▶　尽量不缩写，除非是一看就明白的单词，例如 nav。

▶　命名统一规范，不要出现一个元素用中划线命名法，另外一个元素用下划线命名法的情况。虽然下划线和中划线都可以，但是建议使用中划线，这种做法常见于各类大型网站。

▶　为了避免 class 命名的重复，命名时一般取父元素的 class 名作为前缀，代码如下。

```
<div class="column">
    <h3 class="column-title"></h3>
    <div class="column-content"></div>
</div>
```

以下各表是页面中常见部分的命名规范建议，如表 2-2 ～表 2-5 所示。

1. 网页主体部分命名

表 2-2　网页主体部分命名

网页部分	命名
最外层	wrapper（一般用于包裹整个页面）
头部	header
内容	content/container
侧栏	sidebar
栏目	column
热点	hot
新闻	news
下载	download
标志	logo
导航条	nav
主体	main
左侧	main-left
右侧	main-right
底部	footer
友情链接	friendlink
加入我们	joinus
版权	copyright
服务	service
登录	login
注册	register

2. 网页细节部分命名

▶ 导航。

表 2-3 导航命名

网页部分	命名
主导航	main-nav
子导航	sub-nav
边导航	side-nav
左导航	leftside-nav
右导航	rightside-nav
顶导航	top-nav

▶ 菜单。

表 2-4 菜单命名

网页部分	命名
菜单	menu
子菜单	submenu

▶ 其他。

表 2-5 其他命名

网页部分	命名
标题	title
摘要	summary
登录条	loginbar
搜索	search
标签页	tab
广告	banner
小技巧	tips
图标	icon
法律声明	siteinfolegal
网站地图	sitemap
工具条	tool、toolbar
首页	homepage
子页	subpage
合作伙伴	parter
帮助	help
指南	guild
滚动	scroll
提示信息	msg
投票	vote
相关文章	related
文章列表	list

对于上面这些命名规范，建议小伙伴们在实际开发中多多参考，以使自己的代码更规范且更具有语义性和可读性。此外，小伙伴们可以查看一下绿叶学习网各个页面的源代码，看看其页面结构元素是怎么命名的，相信你会从中学到很多东西。

2.3　书写规范

在 CSS 中，属性的书写顺序也是很有讲究的。良好的书写顺序习惯，既方便阅读，又方便后期维护。Andy Ford 和 Fantasai 是两位 CSS 领域内的专家，他们都对 CSS 属性书写顺序提出过自己的意见。下面是综合两位专家的思想所总结的 CSS 属性书写顺序，如表 2-6 所示。

表 2-6　CSS 属性书写顺序

属性类别	举例
影响文档流属性（布局属性）	display、position、float、clear 等
自身盒模型属性	width、height、padding、margin、border、overflow 等
文本性属性	font、line-height、text-align、text-indent、vertical-align 等
装饰性属性	color、background-color、opacity、cursor 等
其他属性	content、list-style、quotes 等

这种 CSS 属性书写顺序是按照样式功能的重要性从上到下进行了排列，把影响元素页面布局的样式（如 float、margin、padding、height、width 等）排到前面，而把不影响布局的样式（如 background、color、font 等）排到后面。这种主次分明的排列方式，极大地提高了代码的可读性和可维护性。

▼ 举例

```
#main
{
    /* 影响文档流属性 */
    display:inline-block;
    position:absolute;
    top:0;
    left:0;
    /* 盒子模型属性 */
    width:100px;
    height:100px;
    border:1px solid gray;
    /* 文本性属性 */
    font-size:15px;
    font-weight:bold;
    text-indent:2em;
    /* 装饰性属性 */
    color:White;
    background-color:red;
    /* 其他属性 */
    cursor:pointer;
}
```

上面介绍的 CSS 书写顺序是比较规范的，读起来也一目了然，后期维护也很方便。对于这种书写顺序，我们一开始并不能适应，因此我们应该在实际开发的过程中感性地认知，并逐步规范自己的书写顺序。

在这里，大家可能就有疑问了：在实际开发中，是不是一定要把影响文档流的属性写完了，才去写盒子模型的属性？是不是一定要把文本性属性写完了，才去写装饰性属性呢？

这倒完全没必要，而且我们也做不到。因为 CSS 中的属性是随着开发的需要逐步添加的。也就是说，对于属性书写顺序，我们只关心"书写结果"，并不关心"书写过程"。我们只需要保证最终的 CSS 代码顺序符合规范就可以了。

举个例子，一开始我们可能写下以下代码。

```
#main
{
    /*盒子模型属性*/
    width:100px;
    height:100px;
    border:1px solid gray;
}
```

然后写着写着，可能会发现需要添加一些定位属性，这时候就应该在盒子模型属性前面加一些定位属性，代码如下。

```
#main
{
    /*影响文档流属性*/
    display:inline-block;
    position:absolute;
    top:0;
    left:0;
    /*盒子模型属性*/
    width:100px;
    height:100px;
    border:1px solid gray;
}
```

在实际开发中，为了更好地规范 CSS 书写顺序，我们还得分普通代码和功能代码两个方面来考虑。

1. 普通代码

对于一般情况，我们应该保证 CSS 代码的最终顺序遵循表 2-6 中的书写顺序。

2. 功能代码

对于单行文本居中、块元素居中等具有某一特殊功能的代码块，我们就不应该那么死板了。因为功能代码往往是通过多个 CSS 属性来实现的，此时如果也遵循表 2-6 的书写顺序，那么这些功能代码就会被打乱，并且难以维护。因此，对于功能代码，我们应该集中放在一块来处理。

▼ 举例

```
#main
{
```

```
        float:left;
        width:100px;
        /*单行文本居中*/
        height:50px;
        line-height:50px;
        border:1px solid gray;
        font-size:15px;
        color:White;
    }
```

对于初学者来说，这些功能代码我们也应该加入注释，以便阅读时一目了然。小伙伴们可以查看一下绿叶学习网各个页面的源代码，看看具体是怎么应用的。

最后有必要说明一下，之所以我会多次推荐查看绿叶学习网的源代码，是因为这个网站是我本人开发的，本书的大多数技巧我都应用到上面去了。也就是说，绿叶学习网等于一个"活生生"的实际项目，小伙伴们可以多多参考，等学完本书后，还可以进行仿站练习。

2.4 注释规范

在 CSS 中，为一些关键代码做注释是非常必要的。注释的好处很多，比如方便理解、方便查找或方便项目组里的其他开发人员了解你的代码，还方便以后你对自己的代码进行修改。

此外，良好的注释规范对于提升可读性也是非常重要的。下面从几个方面给大家一些关于CSS 注释规范方面的建议。

2.4.1 顶部注释

顶部注释是文件的基本信息，一般包括文件说明、作者、文件版本（更新）以及版权声明等。

▌ 举例

```
/*
 *@description:说明
 *@author:作者
 *@update:更新时间，如2016-2-19 18:30
 */
```

2.4.2 模块注释

模块注释是对各个模块（如导航、底部信息栏等）的注释说明，模块注释建议说明"开始"和"结束"，从而显得一目了然。

▌ 举例

```
/*导航部分，开始*/
……
/*导航部分，结束*/
```

2.4.3 简单注释

简单注释一般用于注释某些关键代码，如功能代码。简单注释分为单行注释和多行注释两种。

▶ 单行注释。

/* 单行注释内容 */

▶ 多行注释。

/*
 * 多行注释内容
 * 多行注释内容
 * 多行注释内容
 */

上面这些都是一些比较好的注释规范建议。那么有人就会问了："在网站发布的时候我们往往都需要使用压缩工具对 CSS 文件进行压缩，压缩之后这些注释不是被去掉了吗？为什么我们还要那么费心费力地去注释呢？"

其实这并不矛盾，我们做好注释是为了方便开发以及后期的维护。在整站发布的时候，我们会使用 Webpack 等工具进行压缩和发布。开发阶段和发布阶段是有区别的，大家要区分清楚。

我们都知道压缩工具会删除所有的注释，有些时候为了保留一些版权声明的注释说明，可以采用以下方式。

/*! 注释内容 */

也就是说，只要在注释内容最前面加上一个叹号（!），压缩工具就不会删除这条注释信息了。

此外还需要特别注意，CSS 注释的方式都是"/* 注释内容 */"，但不包括"// 注释内容"这种方式。不过编辑器会给出正确的提示，这个我们也不容易出错。

2.5 CSS reset

2.5.1 什么是 CSS reset

我们都知道，HTML 很多元素都有一定的默认样式。表2-7列举了HTML中常见元素的默认样式。

表 2-7 HTML 中常见元素的默认样式

元素	默认样式
p	有上下边距
strong	有字体加粗样式
em	有字体倾斜样式
ul	有缩进样式

reset 就是"重置"的意思，CSS reset 指的就是重置样式，简单的说法就是去除元素在浏览器的默认样式。

2.5.2 为什么要用 CSS reset

目前人们广泛使用的浏览器的种类很多，主流浏览器有 Chrome、Firefox、IE、Safari、Opera 等。不同浏览器中，元素的默认样式也是不同的。举个例子，ul 元素有缩进样式，在 Firefox 浏览器中，ul 元素的缩进是通过 padding 实现的；而在 IE 浏览器中，ul 元素的缩进是通过 margin 来实现的；再比如 button 元素，在 IE、Chrome、Firefox 等浏览器中的默认样式也是不同的，如图 2-1 所示。

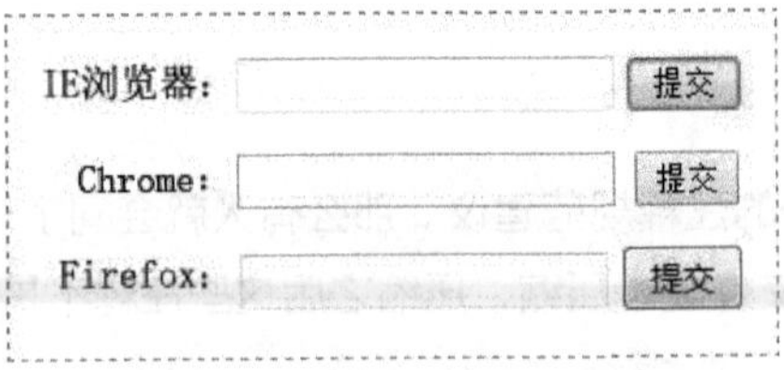

图 2-1 不同浏览器下的表单按钮

浏览器默认样式的不同，往往给我们的开发带来很大的麻烦，影响开发效率。为了解决这个问题，一个比较好的方法就是：去除元素在浏览器中的默认样式，也就是去除 CSS reset。

我们可以通过去除元素在浏览器中的默认样式，使得 HTML 元素在所有浏览器具有相同的初始样式，然后再对元素进行统一定义，这样就可以在不同的浏览器产生相同的显示效果了。

2.5.3 如何使用 CSS reset

说起去除浏览器默认样式，有些小伙伴可能会想到以下方法。

```
*{padding:0;margin:0;}
```

在实际开发中，我们并不建议使用这个方法。因为这个方法性能非常低，它其实把所有元素的 padding 和 margin 都去掉了。然而对于表格元素（或者 input 元素）的 margin 和 padding，我们是不希望去掉的。此外，它只能消除默认的 padding 和 margin，而 ul 的列表项符号、em 的斜体、strong 的加粗等却没有去除。

不过，在测试学习的过程中，我们可以使用"*{padding:0;margin:0;}"。在实际开发过程中，我们推荐使用 Eric Meyer 的重置样式表，这是国内外流行最广的重置样式表。

以下是 Eric Meyer 发布的最新版的重置样式表（2011 年 1 月 26 日发布）。其中，Eric Meyer 的 CSS reset 完整代码如下。

```
html, body, div, span, applet, object, iframe,
h1, h2, h3, h4, h5, h6, p, blockquote, pre,
a, abbr, acronym, address, big, cite, code,
del, dfn, em, img, ins, kbd, q, s, samp,
small, strike, strong, sub, sup, tt, var,
```

```
b, u, i, center,
dl, dt, dd, ol, ul, li,
fieldset, form, label, legend,
table, caption, tbody, tfoot, thead, tr, th, td,
article, aside, canvas, details, embed,
figure, figcaption, footer, header, hgroup,
menu, nav, output, ruby, section, summary,
time, mark, audio, video {
    margin: 0;
    padding: 0;
    border: 0;
    font-size: 100%;
    font: inherit;
    vertical-align: baseline;
}
/* HTML5 display-role reset for older browsers */
article, aside, details, figcaption, figure,
footer, header, hgroup, menu, nav, section {
    display: block;
}
body {
    line-height: 1;
}
ol, ul {
    list-style: none;
}
blockquote, q {
    quotes: none;
}
blockquote:before, blockquote:after,
q:before, q:after {
    content: '';
    content: none;
}
table {
    border-collapse: collapse;
    border-spacing: 0;
}
```

　　上面这段代码是前端界中最常见的 CSS reset 代码，它可以去除常见 HTML 元素的默认样式。这个重置样式表包括了最新的 HTML5 元素，并且删除了过时的 HTML 元素。在实际开发中，我们建议大家使用 CSS reset，这样就不会被元素的默认样式所干扰，从而可以随心所欲地定义自己的样式。

　　此外，对于 CSS reset，我们要特别注意以下几点。

▶ CSS reset 代码必须在其他 CSS 代码之前引入。道理很简单：浏览器对 CSS 代码是从上到下来解析的，只有把 CSS reset 放在前面，才会有意义。

▶ Eric Meyer 建议此 CSS reset 代码应该根据个人需求的不同来定义，比如页面压根儿就不会用到 address、code 元素，我们直接把这两个元素剔除即可。总而言之，我们并不建议大家直接把这段 CSS reset 代码简单地原样复制粘贴到自己的 CSS 中，大家应该根据自己的实际开发需求来定制 CSS reset 代码，正所谓"滥用不如不用"。

▶ Eric Meyer 版本的 CSS reset 代码也有很多不足，例如 div、li、code 根本就没有 padding 和 margin，这里却画蛇添足了。因此，我们在使用前还要重新审视并修改这段代码。

▶ 目前国内优秀互联网企业的网站对 CSS reset 的使用日益减少，国外也有些优秀的网页设计师已经开始表达自己"不使用 CSS reset"的观点。对于真正的前端开发来说，CSS reset 也可以说是可有可无的东西。因此，CSS reset 的使用与否也应该根据实际开发需求来决定。

【解惑】

为什么浏览器要定义元素的默认样式呢？如果默认样式不存在，岂不是更好？这样既可以增强页面的兼容性，又可以减少使用 CSS reset 来重置默认样式的烦琐。

其实之所以要保留浏览器的默认样式，目的在于保证没有样式表的页面也能够正常显示。此外，HTML 元素的默认样式往往跟它的语义挂钩。我们知道，一个页面能在"CSS 裸奔"的情况下也有很好的可读性，也是元素默认样式在起作用。

第 3 章

盒子模型

3.1　CSS 盒子模型

对于 CSS 盒子模型，我们在本系列图书的入门书《从 0 到 1：HTML+CSS 快速上手》中已经详细介绍过了，不过为了照顾那些没看过的小伙伴，这一节我们还是需要再啰唆一下。看过的小伙伴，当作复习即可。

在"CSS 盒子模型"理论中，页面中的所有元素都可以看成一个盒子，并且占据着一定的页面空间。

一个页面由很多这样的盒子组成，这些盒子之间会互相影响，因此掌握盒子模型需要从两个方面来理解：一是理解单独一个盒子的内部结构；二是理解多个盒子之间的相互关系。

每个元素都可以看成一个盒子，盒子模型是由 content（内容）、padding（内边距）、margin（外边距）和 border（边框）这 4 个属性组成的。此外，在盒子模型中，还有 width（宽度）和 height（高度）两大辅助性属性。

记住，所有的元素都可以看成一个盒子！图 3-1 所示为一个 CSS 盒子模型的内部结构。

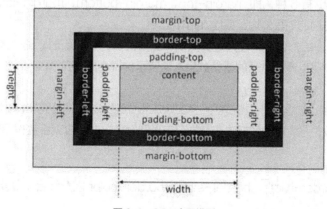

图 3-1　CSS 盒子模型

从图 3-1 中我们可以得出盒子模型的属性如下，如表 3-1 所示。

表 3-1　CSS 盒子模型的 4 个属性

属性	说明
content	内容区
padding	内边距
margin	外边距
border	边框

其中，padding 称为"内边距"，也常常称为"补白"。图中的 margin-top 指的是顶部外边距，margin-right 指的是右部外边距，以此类推。

1. 内容区

内容区是 CSS 盒子模型的中心，它呈现了盒子的主要信息内容，这些内容可以是文本、图片等多种类型。内容区是盒子模型必备的组成部分，其他的部分都是可选的。

内容区有 width、height 和 overflow3 个属性。使用 width 和 height 属性可以指定盒子内容区的高度和宽度。在这里要注意一点，width 和 height 这两个属性是针对内容区而言，并不包括 padding 部分。

当内容信息太多，超出内容区所占范围时，可以使用 overflow 溢出属性来指定处理方法。

2. 内边距

内边距，指的是内容区和边框之间的空间，可以被看成是内容区的背景区域。

关于内边距的属性有 5 种，即 padding-top、padding-bottom、padding-left、padding-right 以及综合了以上 4 个方向的简写内边距属性 padding。使用这 5 种属性可以指定内容区与各方向边框之间的距离。

3. 外边距

外边距，指的是两个盒子之间的距离，它可能是子元素与父元素之间的距离，也可能是兄弟元素之间的距离。

外边距使得元素之间不必紧凑地连接在一起，这是 CSS 布局的一个重要手段。

外边距的属性也有 5 种，即 margin-top、margin-bottom、margin-left、margin-right 以及综合了以上 4 个方向的简写外边距属性 margin。

同时，CSS 允许给外边距属性指定负数值，当指定负外边距值时，整个盒子将向指定负值的相反方向移动，以此可以产生盒子的重叠效果。这就是传说中的"负 margin 技术"，我们会在 3.5 节中详细介绍。

内容区、内边距、边框、外边距这几个概念可能比较抽象，对于初学者来说，一时半会还没办法全部理解。不过没关系，待我们把这一章学习完再回顾，这些概念就会变得很简单了。

4. 边框

边框属性有 border-width、border-style、border-color 以及综合了 3 类属性的快捷边框属性 border。

其中，border-width 指定边框的宽度，border-style 指定边框类型，border-color 指定边框的颜色。

border-width:1px;border-style:solid;border-color:gray; 等价于 border:1px solid gray;。

举例

```
<!DOCTYPE html>
<html>
<head>
    <meta charset="utf-8" />
    <title></title>
    <style type="text/css">
        div
        {
            display:inline-block;    /*将块元素转换为inline-block元素*/
            padding:20px;
            margin:40px;
            border:2px solid red;
            background-color:#FFDEAD;
        }
    </style>
</head>
<body>
    <div>绿叶学习网</div>
</body>
</html>
```

预览效果如图 3-2 所示。

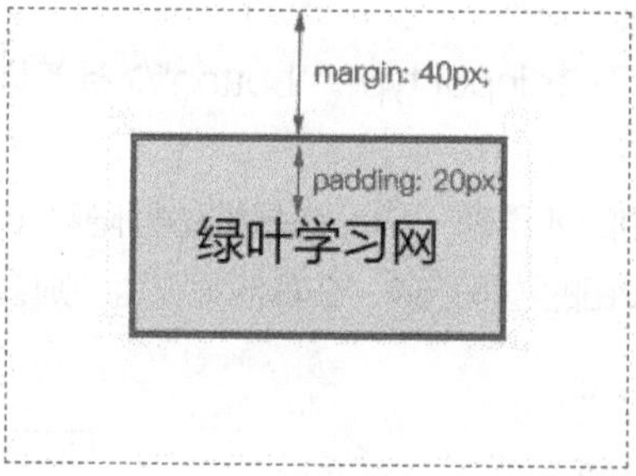

图 3-2 预览效果图

分析

在这个例子中，我们把 div 元素看成一个盒子，则“绿叶学习网”这几个字就是内容区（content），文字到边框的距离就是 padding，而边框到其他元素的距离就是 margin。此外还有几点要说明一下。

- padding 是在元素内部，而 margin 是在元素外部。
- margin 看起来不属于 div 元素的一部分，实际上 div 元素的盒子模型是包含 margin 的。

在这个例子中，display:inline-block; 表示将元素转换为行内块元素（即 inline-block），其中 inline-block 元素的宽度是由内容区撑起来的。我们之所以在这个例子中将元素转换为 inline-block 元素，也是为了让元素的宽度由内容区撑起来，以便更好地观察。如果小伙伴们还是不理解 display:inline-block; 是什么意思，可以提前看一下第 4 章。

3.2 深入 border

对于 border 属性，只有一个值得介绍的知识点，那就是 border:0 和 border:none 的区别。

border:0 与 border:none 的区别主要体现在两个方面：一方面是"性能差异"，另一方面是"兼容差异"。

3.2.1 性能差异

▶ border:0。

border:0 表示把 border 定义为 0 像素。虽然 0px 在页面上看不见，但是浏览器依然会对 border 进行渲染，渲染之后，实际上是一个像素为 0 的 border。

也就是说，border:0 需要占用内存。

▶ border:none。

border:none 表示把 border 定义为"none（无）"，浏览器解析 border:none 时并不会对它进行渲染。

也就是说，border:none 不需要占用内存。

3.2.2 兼容差异

兼容差异只存在于 IE6 和 IE7 的 <input type="button"/> 标签以及 <button></button> 标签中，其他浏览器不存在兼容问题。

border:0 在所有的浏览器中的效果都一样，都是把边框隐藏（不是去掉），如图 3-3 所示。

border:none 对 IE6 和 IE7 按钮的边框无效，在其他浏览器中则会去掉按钮的边框，如图 3-4 所示。

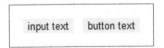

图 3-3　border:0 的按钮效果

图 3-4　border:none 在 IE6/IE7 按钮的边框无效

由于 IE6 和 IE7 已经逐渐被抛弃了，因此我们不需要纠结 border:0 与 border:none 的兼容问题。

在实际开发中，对于 border:0 与 border:none，我们用哪个都差不多。兼容问题就不说了，在性能方面，其实两者也对页面渲染速度影响不大。

3.3 深入 padding

内边距 padding，又常常称为"补白"，它指的是内容区到边框之间的那一部分，如图 3-5 所示。

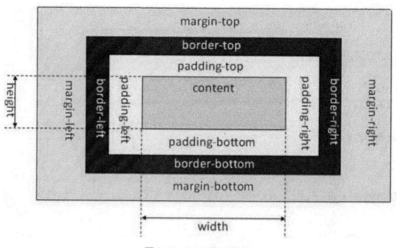

图 3-5　CSS 盒子模型

　　对于 padding 这个属性，没多少东西可以探讨。不过在实际开发中，关于背景图片的使用有时会涉及 padding 的一个小技巧。例如，图 3-6 所示的这种效果，我们都是使用"背景图片+padding"来实现的。

图 3-6　背景图片与 padding 案例

　　分析如图 3-7 所示。

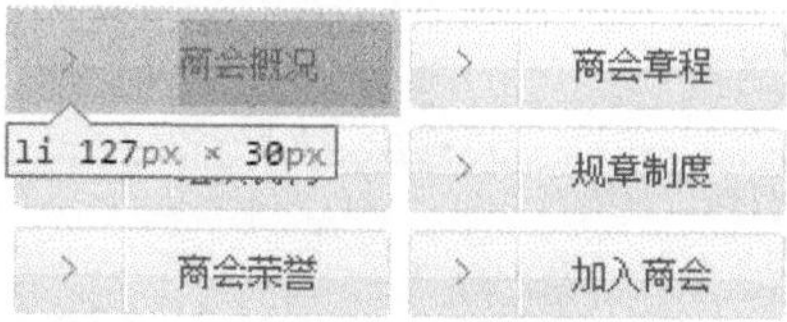

图 3-7　背景图片与 padding 案例分析

▶ 举例

```
<!DOCTYPE html>
<html>
<head>
    <meta charset="utf-8" />
    <title></title>
    <style type="text/css">
        div
        {
            background-image:url(img/bg.gif);
            width:127px;
```

```
            height:30px;
            line-height:30px;
            font-size:12px;
            color:Red;
        }
    </style>
</head>
<body>
    <div>商会状况</div>
</body>
</html>
```

预览效果如图3-8所示。

图3-8　padding技巧

▶ 分析

在这里我们可以看到，当一个元素使用背景图时，该元素的文字内容会停留在左边，如果想要达到预期效果，可以使用padding来实现，修改后的CSS代码如下。

```
div
{
    background-image:url(img/bg.gif);
    width:72px;               /*127-55=72*/
    height:30px;
    line-height:30px;
    padding-left:55px;
    font-size:12px;
    color:red;
}
```

3.4   外边距叠加

有过开发经历的小伙伴们，可能会碰过这种情况，有相邻的两个块元素A和B，上面的为A，下面的为B。其中A定义了一个margin-bottom，B定义了一个margin-top。在浏览器预览效果中，我们会发现A和B之间的垂直距离明显小于margin-bottom和margin-top相加之和，请看下面的例子。

▶ 举例

```
<!DOCTYPE html>
<html>
<head>
    <meta charset="utf-8" />
    <title></title>
    <style type="text/css">
```

```
            div
            {
                  height:60px;
                  line-height:60px;
                  text-align:center;
                  font-size:30px;
                  color:White;
                  background-color:lightskyblue;
            }
            #first{margin-bottom:20px;}
            #second{margin-top:30px;}
      </style>
</head>
<body>
      <div id="first">A</div>
      <div id="second">B</div>
</body>
</html>
```

预览效果如图 3-9 所示。

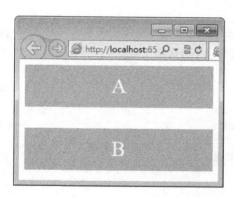

图 3-9　A 和 B 之间的垂直距离小于两者之和

▶ 分析

在这里，A 的 margin-bottom 为 20px，B 的 margin-top 为 30px，但是 A 和 B 之间的间距并不是 50px。不知道原因的小伙伴们还以为浏览器有 bug 呢。其实，这个现象是外边距叠加所引起的。

外边距叠加，又称"margin 叠加"，指的是当两个垂直外边距相遇时，这两个外边距将会合并为一个外边距，即"二变一"。其中，叠加之后的外边距高度，等于发生叠加之前的两个外边距中的最大值。

对于外边距叠加，我们分为 3 种情况来讨论：同级元素、父子元素和空元素。

3.4.1　外边距叠加的 3 种情况

1. 同级元素

当一个元素出现在另外一个元素上面的时候，第 1 个元素的下边距（margin-bottom）将会与第 2 个元素的上边距（margin-top）发生合并，如图 3-10 所示。

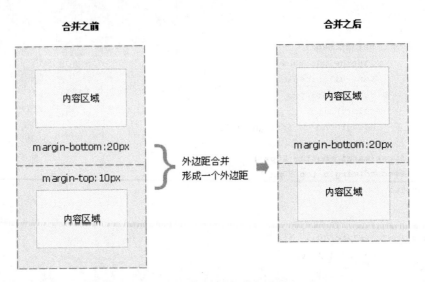

图 3-10　同级元素的外边距叠加

2. 父子元素

当一个元素包含在另外一个元素中时（呈父子关系），假如没有 padding 或 border 把外边距分隔开，父元素和子元素的相邻上下外边距也会发生合并，如图 3-11 所示。

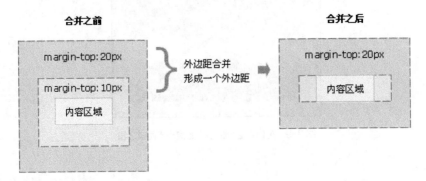

图 3-11　父子元素的外边距叠加

3. 空元素

空元素，指的是没有子元素或者没有文字内容的元素，例如
、<hr/> 等，当一个空元素有上下外边距时，如果没有 border 或者 padding，则元素的上外边距与下外边距就会合并。如图 3-12 所示。

图 3-12　空元素

如果空元素的外边距碰到另外一个元素的外边距，它们也会发生合并，如图 3-13 所示。

图 3-13　空元素外边距叠加

外边距叠加只有 3 种情况：同级元素、父子元素和空元素。此外，对于外边距叠加，我们还需要注意以下 4 点。

- ▶ 水平外边距，永远不会有叠加，水平外边距指的是 margin-left 和 margin-right。
- ▶ 垂直外边距只有在以上 3 种情况下会叠加，垂直外边距指的是 margin-top 和 margin-bottom。
- ▶ 外边距叠加之后的外边距高度，等于发生叠加之前的两个外边距中的最大值。
- ▶ 外边距叠加针对的是 block 以及 inline-block 元素，不包括 inline 元素。因为 inline 元素的 margin-top 和 margin-bottom 设置无效。

3.4.2　外边距叠加的意义

图 3-14 所示为一个文本型页面，第一个段落上面的空间等于段落的 margin-top。如果没有外边距叠加，第一个段落之后的所有段落之间的外边距，都是相邻的 margin-top 和 margin-bottom 之和，这样就跟第一个段落显得不一致了。

如果发生外边距叠加，段落之间的 margin-top 和 margin-bottom 就会合并在一起，这样就跟第一个段落显得一致了。

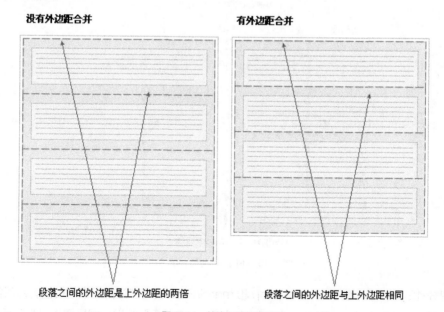

图 3-14　外边距叠加的意义

　　其实，CSS 定义外边距叠加的初衷就是为了更好地对文章进行排版。了解这一点，对于我们理解和记忆外边距叠加很有帮助。

　　当然，了解外边距叠加的原理，能为我们解决不少疑惑。此外在实际开发中，给大家一个建议：最好统一使用 margin-top 或 margin-bottom，不要混合使用，从而降低出现问题的风险。这并不是必需的，但却是一个良好的习惯。

　　此外，外边距叠加的原理比较复杂，跟 BFC（块级格式上下文）有着密切的关系。这一节只是简单介绍了最基本的东西，对于 BFC 我们会在第 12 章中详细介绍。

3.5　负 margin 技术

　　在 CSS 中，margin 属性取值可以是正数，也可以是负数。无论取正数还是负数，margin 都可以让当前元素或者周围元素进行移动。

　　不过，margin 取正数和 margin 取负数，这两者其实有着很大的不同。对于 margin 取正数的情况，我们接触得已经够多了，这里就不再展开介绍了。接下来，我们给大家详细介绍 margin 取负数的情况，也就是"传说中"的负 margin 技术。

3.5.1　负 margin 简介

　　当取值为负数时，margin 对普通文档流元素和对浮动元素的影响是不一样的。其中，负 margin 对普通文档流元素的影响，可以分为两种情况。

▶ 当元素的 margin-top 或者 margin-left 为负数时，**"当前元素"** 会被拉向指定方向。

▶ 当元素的 margin-bottom 或者 margin-right 为负数时，**"后续元素"** 会被拉向指定方向。

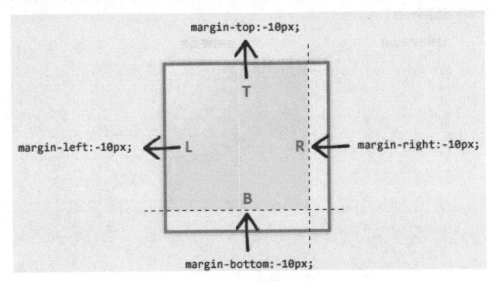

图 3-15　不同方向的负 margin

　　从图 3-15 我们可以看出，margin-top 和 margin-left 会将"当前元素"拉出，然后覆盖"其他元素"。而 margin-bottom 和 margin-right 是将"后续元素"拉进，然后覆盖"当前元素"。

负 margin 对浮动元素的影响，与负 margin 对普通文档流元素的影响其实是差不多的。唯一不太一样的是，浮动元素可以向左也可以向右。换句话说就是，对于浮动元素，我们只需要比普通文档流元素多考虑一点，那就是浮动元素的"流动方向"。

其实，我们很容易忘记负 margin 引起的元素移动方向。不过也不用担心，在实际开发过程中，如果忘记了的话，我们写个简单的例子测试一下就知道了。

▼ 举例：margin-top 或 margin-bottom 为负数

```
<!DOCTYPE html>
<html>
<head>
    <meta charset="utf-8" />
    <title></title>
    <style type="text/css">
        #wrapper div
        {
            width:200px;
            height:60px;
            line-height:60px;
            font-size:21px;
            font-weight:bold;
            text-align:center;
            color:White;
        }
        #first{background-color:hotpink;}
        #second{background-color:lightskyblue;}
        #third{background-color:purple;}
    </style>
</head>
<body>
    <div id="wrapper">
        <div id="first">1</div>
        <div id="second">2</div>
        <div id="third">3</div>
    </div>
</body>
</html>
```

预览效果如图 3-16 所示。

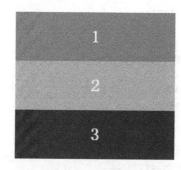

图 3-16　未设置 margin-top 或 margin-bottom

分析

当我们为第 2 个 div 添加 margin-top:-30px; 后，预览效果如图 3-17 所示。此时我们可以看到“当前元素”（即第 2 个 div）被拉向上方。

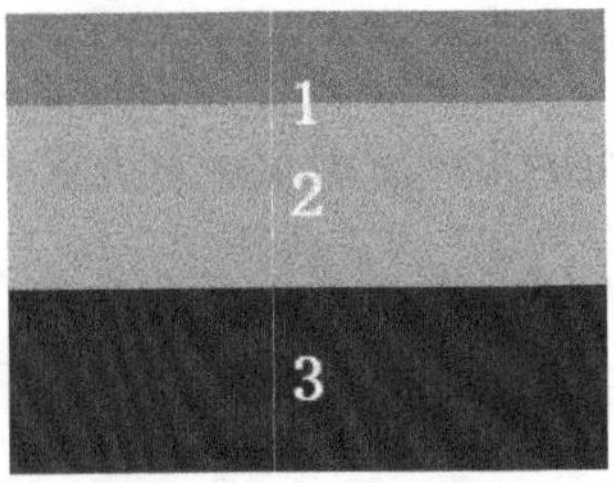

图 3-17 第 2 个 div 设置 margin-top 为 -30px

当我们为第 2 个 div 添加 margin-bottom:-30px; 后，预览效果如图 3-18 所示。此时我们可以看到“后续元素”（即第 3 个 div）被拉向上方。

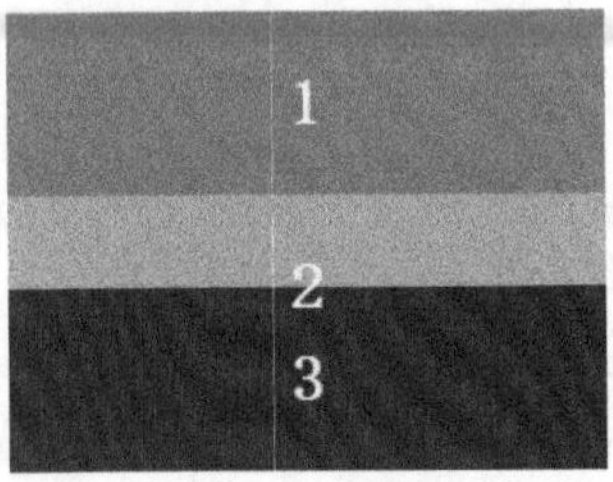

图 3-18 第 2 个 div 设置 margin-bottom 为 -30px

举例：margin-left 或 margin-right 为负数

```
<!DOCTYPE html>
<html>
<head>
    <meta charset="utf-8" />
    <title></title>
    <style type="text/css">
        /*去除inline-block元素之间的间距*/
        #wrapper{font-size:0;}
        #wrapper div
        {
            display:inline-block;
            width:80px;
            height:80px;
            line-height:80px;
            font-size:24px;
            font-weight:bold;
            text-align:center;
            color:White;
        }
        #first{background-color:hotpink;}
        #second{background-color:lightskyblue;}
        #third{background-color:purple;}
```

```
        </style>
    </head>
    <body>
        <div id="wrapper">
            <div id="first">1</div>
            <div id="second">2</div>
            <div id="third">3</div>
        </div>
    </body>
</html>
```

预览效果如图 3-19 所示。

图 3-19 未设置 margin-left 或 margin-right

▰ 分析

当我们为第 2 个 div 添加 margin-left:-30px; 后，预览效果如图 3-20 所示。此时我们可以看到"当前元素"（第 2 个 div）被拉向左方。

图 3-20 第 2 个 div 设置 margin-left 为 -30px

当我们为第 2 个 div 添加 margin-right:-30px; 后，预览效果如图 3-21 所示。此时我们可以看到"后续元素"（第 3 个 div）被拉向左方。

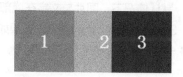

图 3-21 第 2 个 div 设置 margin-right 为 -30px

3.5.2 负 margin 技巧

负 margin 的使用很灵活，应用也非常广泛，常用的技巧有以下 4 个。

▸ 图片与文本对齐。

▸ 自适应两列布局。

▸ 元素垂直居中。

▸ tab 选项卡。

1. 图片与文本对齐

当图片与文本放到一起的时候，它们在底部水平方向上往往都是不对齐的。这是因为在默认情况下，图片与周围的文本是"基线对齐"，也就是 vertical-align:baseline。如果想让它们在底部水平方向对齐，有两种方法：一种是使用 vertical-align:text-bottom；另外一种是使用负 margin 技术。

我们在"5.5 深入 vertical-align"一节中会详细介绍 vertical-align:text-bottom，这里我们先来看看负 margin 如何实现图片与文本的对齐。

▌ **举例**

```
<!DOCTYPE html>
<html>
<head>
    <meta charset="utf-8" />
    <title></title>
</head>
<body>
    <div>
        <img src="img/baidu.png" alt=""/>百度一下，你就知道
    </div>
</body>
</html>
```

预览效果如图 3-22 所示。

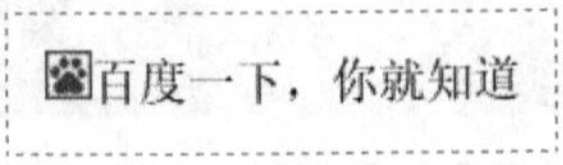

图 3-22　默认情况的效果

▌ **分析**

从预览效果中我们可以看出：默认情况下，图片与文字在底部水平方向上是不对齐的。我们在 CSS 中添加 img{margin:0 3px -3px 0;} 之后，此时的预览效果如图 3-23 所示。实际上，我们可以把 margin{0 3px -3px 0} 看成一个公式般的东西，记住就行，不用纠结什么，因为这个是"前辈们"试出来的经验。

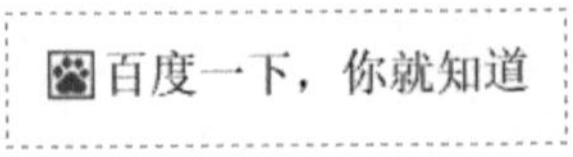

图 3-23　加入负 margin 后的效果

2. 自适应两列布局

自适应两列布局，指的是在两列布局中，其中一列的宽度是固定的，而另外一列宽度自适应。如果使用浮动来做的话，只能实现固定的左右两列布局，并不能实现其中一列为自适应的布局。

自适应两列布局是前端面试中经常碰到的一道面试题，小伙伴们要重点掌握。

▛ 举例

```
<!DOCTYPE html>
<html>
<head>
    <meta charset="utf-8" />
    <title></title>
    <style type="text/css">
        #main,#sidebar
        {
            float:left;
            color:white;
        }
        #main
        {
            width:100%;
            margin-right:-200px;
            background-color:hotpink;
        }
        #sidebar
        {
            width:200px;
            background-color:lightskyblue;
        }
        /* 防止浏览器可视区域宽度不足时发生文本重叠 */
        #main p {margin-right:210px;}
        /* 它是 200px + 10px, 10px是他们的间距 */
    </style>
</head>
<body>
    <div id="main"> <p>这是主体部分，自适应宽度</p> </div>
    <div id="sidebar"> <p>这是侧边栏部分，固定宽度 </p> </div>
</body>
</html>
```

预览效果如图 3-24 所示。

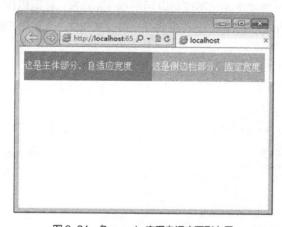

图 3-24　负 margin 实现自适应两列布局

▼ 分析

我们改变浏览器的宽度，就可以很容易地看出自适应两列布局的实际效果。实际上，WordPress 这个平台中经典的两栏自适应布局就是使用这种方法来实现的。

3. 元素垂直居中

想要实现块元素的垂直居中，一般来说比较麻烦，不过有一个经典的方法就是使用 position 结合负 margin 来实现，具体做法是：首先，给父元素写上 osition:relative;，这样做是为了给子元素添加 position:absolute 的时候不会被定位到"外太空"去；然后给子元素添加如下属性。

```
position:absolute;
top:50%;
left:50%;
```

之后再添加如下属性。

```
margin-top: "height值一半的负值";
margin-left: "width值一半的负值";
```

完整语法如下。

```
父元素
{
    position:relative;
}
子元素
{
    position:absolute;
    top:50%;
    left:50%;
    margin-top: "height值一半的负值";
    margin-left: "width值一半的负值";
}
```

▼ 说明

这种方法是万能的，也就是说它不仅可以用于 block 元素，还可以用于 inline 元素和 inline-block 元素。至于 margin-top 和 margin-left 为什么要这样定义，大家自行画个草稿图就能理解了。

▼ 举例

```
<!DOCTYPE html>
<html>
<head>
    <meta charset="utf-8" />
    <title></title>
    <style type="text/css">
        #father
        {
            position:relative;
            width:200px;
```

```
                height:160px;
                border:1px solid silver;
            }
            #son
            {
                position:absolute;
                top:50%;
                left:50%;
                margin-top:-30px;
                margin-left:-50px;
                width:100px;
                height:60px;
                background-color:hotpink;
            }
        </style>
    </head>
    <body>
        <div id="father">
            <div id="son"></div>
        </div>
    </body>
</html>
```

预览效果如图 3-25 所示。

图 3-25　负 margin 实现元素垂直居中

▌ 分析

更多关于元素的垂直居中技巧，我们会在"11.2 垂直居中"一节统一介绍。

4. tab 选项卡

娱乐	经济	科技	时事

图 3-26　负 margin 实现 tab 选项卡

　　tab 选项卡效果是一种十分节省页面空间的方式，在实际开发中会经常用到。像图 3-26 所示的选项卡，其关键就是使用 margin-top:-1px 来解决选项卡下边框显示的问题。

▶ 举例：tab 选项卡

```
<!DOCTYPE html>
<html>
<head>
    <meta charset="utf-8">
    <title></title>
    <style type="text/css">
        * {padding: 0;margin: 0;}
        .tab
        {
            width: 500px;
            height: 300px;
            border: 1px solid silver;
            margin: 10px auto;
            overflow: hidden;
        }
        ul {list-style-type: none;overflow: hidden;}
        ul li
        {
            float: left;
            width: 25%;
            line-height: 35px;
            text-align: center;
            box-sizing: border-box;
            border-right: 1px solid silver;
            border-bottom: 1px solid silver;
            margin-top: -1px;
            font-weight: bold;
            cursor: pointer;
        }
        li:last-child {border-right: none; }
        .active
        {
            background: #fff;
            border-bottom: none;
        }
        .tab div
        {
            width: 100%;
            height: 300px;
            display: none;
        }
    </style>
    <script>
        window.onload=function(){
            var aDiv=document.querySelectorAll(".tab div");
            var aTab=document.querySelectorAll(".tab ul li");
```

```
        for(var i=0;i<aTab.length;i++){
            aTab[i].index=i;
            aTab[i].onmouseover=function(){
                for(var j=0;j<aTab.length;j++){

                    aDiv[j].style.display="none";
                    aTab[j].className="";
                };

                aDiv[this.index].style.display="block";
                this.className="active";
            };
        };
    }
    </script>
</head>
<body>
    <div class="tab">
        <ul>
            <li class="active">娱乐</li>
            <li>经济</li>
            <li>科技</li>
            <li>时事</li>
        </ul>
        <div style="display: block;">"娱乐"部分的内容……</div>
        <div>"经济"部分的内容……</div>
        <div>"科技"部分的内容……</div>
        <div>"时事"部分的内容……</div>
    </div>
</body>
</html>
```

预览效果如图 3-27 所示。

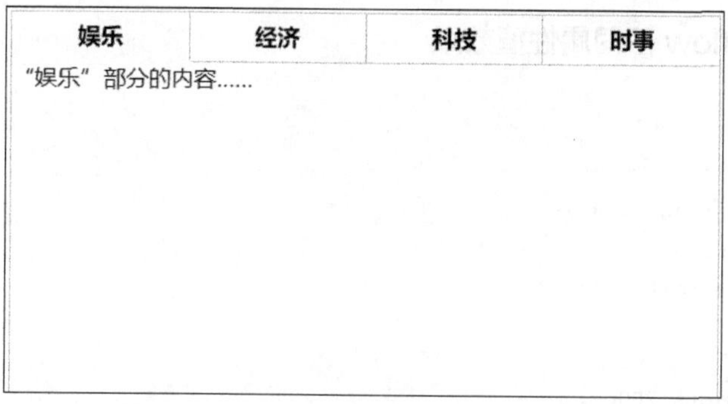

图 3-27　Tab 选项卡

▊ 分析

Tab 选项卡涉及 JavaScript 的内容比较多，不过关键代码在于 margin-top:-1px。小伙伴们可以把源代码下载下来，仔细琢磨一下。

3.6 overflow

W3C 标准指出，通常一个盒子的内容是被限制在盒子边框之内的，但是有时也会溢出，即部分或者全部内容跑到盒子边框之外。

在 CSS 中，我们可以使用 overflow 属性来定义内容溢出元素边框时发生的事情。

语法

overflow: 属性值 ;

说明

overflow 属性取值有 4 个，如表 3-2 所示。

表 3-2 overflow 属性取值

属性值	说明
visible	若内容溢出，则溢出内容可见（默认值）
hidden	若内容溢出，则溢出内容隐藏
scroll	若内容溢出，则显示滚动条
auto	auto 跟 scroll 很相似，不同的是 auto 值在盒子需要的时候会给它一个滚动条

对于 overflow 属性，最常见的用途有以下 3 个。

- 使用 overflow:scroll 显示滚动条。
- 使用 overflow:hidden 来隐藏内容，以免影响布局。
- 使用 overflow:hidden 来清除浮动。

overflow:hidden 会将超出元素的部分自动隐藏。不好的一点就是，这部分的内容会显示不完全，比如图片只显示了一部分。不过 overflow:hidden 使得内容超出时不会影响页面整体布局，这是它的好处。

举例：overflow 不同属性值效果

```
<!DOCTYPE html>
<html>
<head>
    <meta charset="utf-8" />
    <title></title>
    <style type="text/css">
         div
         {
              width:200px;
              height:160px;
              border:1px solid gray;
         }
    </style>
</head>
<body>
```

水陆草木之花，可爱者甚蕃。晋陶渊明独爱菊。自李唐来，世人甚爱牡丹。予独爱莲之出淤泥而不染，濯清涟而不妖，中通外直，不蔓不枝，香远益清，亭亭净植，可远观而不可亵玩焉。予谓菊，花之隐逸者也；牡丹，花之富贵者也；莲，花之君子者也。噫！菊之爱，陶后鲜有闻；莲之爱，同予者何人？牡丹之爱，宜乎众矣。
    </body>
    </html>

预览效果如图 3-28 所示。

图 3-28　overflow 为默认值的效果

▛ 分析

默认情况下，div 的 overflow 属性值为 visible，当我们在 CSS 中为 div 添加 overflow: hidden; 后，此时预览效果如图 3-29 所示。

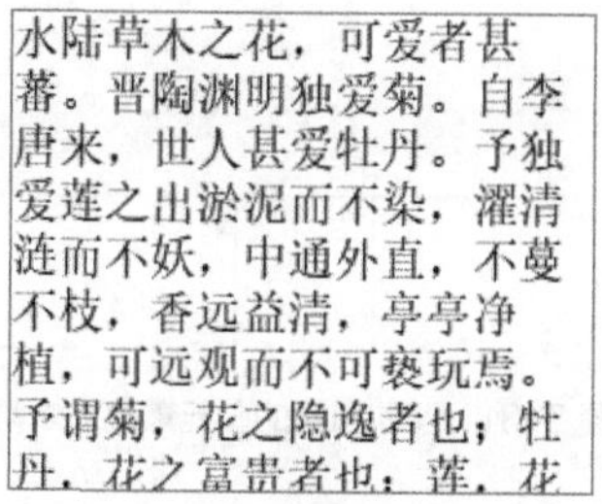

图 3-29　overflow 为 hidden 的效果

当我们在 CSS 中为 div 添加 overflow: scroll; 后，此时预览效果如图 3-30 所示。

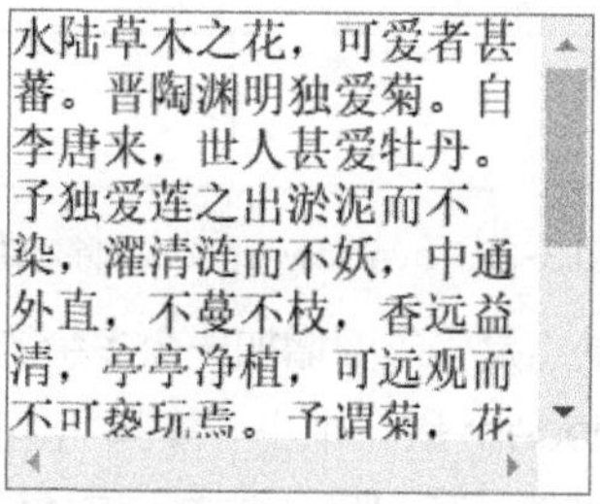

图 3-30　overflow 为 scroll 的效果

▼ 举例：overflow:hidden 清除浮动

```
<!DOCTYPE html>
<html>
<head>
    <meta charset="utf-8" />
    <title></title>
    <style type="text/css">
        #wrapper
        {
            width:250px;
            border: 1px solid purple;
        }
        #first,#second
        {
            width:100px;
            height:50px;
            border:1px solid red;
        }
        #first{float:left;}
        #second{float:right;}
    </style>
</head>
<body>
    <div id="wrapper">
        <div id="first"></div>
        <div id="second"></div>
    </div>
</body>
</html>
```

预览效果如图 3-31 所示。

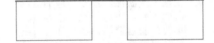

图 3-31　浮动引起的父元素高度塌陷

▼ 分析

当我们为 id="wrapper" 的 div 元素添加 overflow:hidden; 之后，此时预览效果如图 3-32 所示。从图中可以看出，浮动已经被清除了。

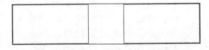

图 3-32　overflow:hidden 清除浮动

使用 clear 属性来清除浮动的缺点是，需要增加一个多余的标签，而使用 overflow:hidden; 清除浮动则不需要。不过 overflow:hidden; 是一个小"炸弹"，它会将超出父元素部分的内容隐藏，有时候这并不是我们预期的效果。当然，在实际开发中，这两种方式我们都不会用，而是采用更为高级的技巧，我们会在"7.5 清除浮动"一节详细介绍。

第 4 章

display 属性

4.1 块元素和行内元素

在介绍 display 属性之前，我们先来回顾一下块元素和行内元素，这是学习 display 属性的前提。

在 HTML 的学习中我们可以发现，在浏览器的显示效果中，有些元素是独占一行的，其他元素不能跟这个元素位于同一行，如 h1~h6、p、div 等；而有些元素是可以跟其他元素位于同一行的，如 strong、em、u 等。

在 HTML 中，根据元素的表现形式，我们一般可以把元素分为两类。

▶ 块元素（block）。

▶ 行内元素（inline）。

block 和 inline 是最常见的两种元素类型，除了这两种，还有 inline-block、table-cell 等元素类型。这一节我们先学习 block 和 inline 这两种元素类型。

4.1.1 块元素

在 HTML 中，块元素在浏览器显示状态下将占据一整行，并且排斥其他元素与其位于同一行。此外，一般情况下块元素内部可以容纳其他块元素和行内元素。

表 4-1 常见块元素

块元素	说明
h1~h6	标题元素
p	段落元素
div	div 元素
hr	水平线
ol	有序列表
ul	无序列表

表 4-1 列举的是常见的块元素，而非全部。“光说不练假把式”，咱们还是先来看一个例子。

举例

```
<!DOCTYPE html>
<html>
<head>
    <meta charset="utf-8" />
    <title>块元素和行内元素</title>
</head>
<body>
    <div>
        <h3>绿叶学习网</h3>
        <p>"绿叶，给你初恋般的感觉。"</p>
        <strong>绿叶学习网</strong>
        <em>"绿叶，给你初恋般的感觉。"</em>
    </div>
</body>
</html>
```

预览效果如图 4-1 所示。

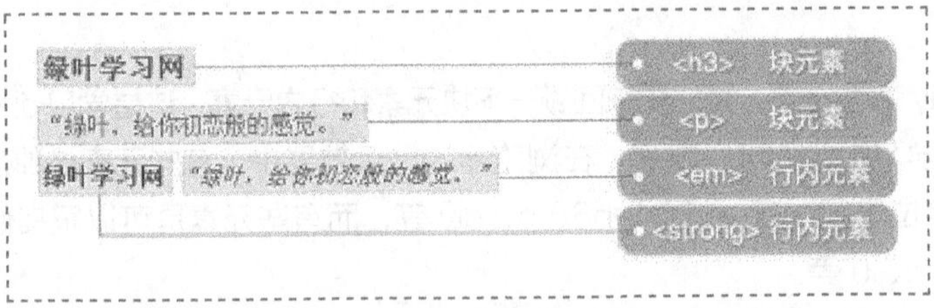

图 4-1　程序预览效果图

分析

图 4-1 中是把每一个元素加入虚线框来分析它们的结构，从中我们可以很容易地看出以下几点。

- h3 和 p 是块元素，它们的显示效果都是独占一行的，并且排斥任何元素跟它们位于同一行；strong 和 em 是行内元素，即使代码不是位于同一行，它们的显示效果也是位于同一行的（显示效果与代码是否位于同一行没有关系）。
- h3、p、strong 和 em 这 4 个元素都是在 div 元素内部的，也就是说，块元素内部可以容纳其他块元素和行内元素。

由此，我们可以总结出块元素具有以下两个特点。

- 块元素独占一行，排斥其他元素（包括块元素和行内元素）与其位于同一行。
- 块元素内部可以容纳其他块元素和行内元素。

4.1.2　行内元素

在 HTML 中，行内元素跟块元素恰恰相反，行内元素是可以与其他行内元素位于同一行的。此外，行内元素内部（标签内部）只可以容纳其他行内元素，不可以容纳块元素，常见的行内元素如表 4-2 所示。

表 4-2 常见行内元素

行内元素	说明
strong	粗体元素
em	斜体元素
a	超链接
span	常用行内元素，结合 CSS 定义样式

对于行内元素的效果，可以参考块元素部分的例子，从例子中我们可以总结出行内元素具有以下两个特点。

▶ 行内元素可以与其他行内元素位于同一行。

▶ 行内元素内部可以容纳其他行内元素，但不可以容纳块元素。

4.2 display 简介

从 4.1 节我们可以知道，除了 block 和 inline，元素还有 inline-block、table、table-cell 等类型。如果我们想要将元素从一个类型转换为另外一个类型，该怎么办呢？

在 CSS 中，我们可以使用 display 属性来改变元素的类型。

▌ 语法

display: 取值；

▌ 说明

display 属性取值有很多，常用的如表 4-3 所示。

表 4-3 display 属性取值

属性值	说明
inline	行内元素
block	块元素
inline-block	行内块元素
table	以表格形式显示，类似于 table 元素
table-row	以表格行形式显示，类似于 tr 元素
table-cell	以表格单元格形式显示，类似于 td 元素
none	隐藏元素

除了表 4-3 中这些属性值，display 还有 list-item、run-in、compact 等属性值，不过这些属性值在实际开发中几乎用不到，所以不需要深究。我们只需要认真掌握表 4-3 中列出的这几个属性值，就可以在学习 CSS 的道路上走得很远了。

4.2.1 block 元素

block 元素，指的是块元素，一般具有以下几个特点。

- 独占一行，排斥其他元素跟其位于同一行，包括块元素和行内元素。
- 块元素内部可以容纳其他块元素和行内元素。
- 可以定义 width，也可以定义 height。
- 可以定义 4 个方向的 margin。

4.2.2 inline 元素

inline 元素，指的是行内元素。行内元素一般具有以下几个特点。

- 可以与其他行内元素位于同一行。
- 行内元素内部可以容纳其他行内元素，但不可以容纳块元素，不然会出现无法预知的结果。
- 无法定义 height，也无法定义 width。
- 可以定义 margin-left 和 margin-right，无法定义 margin-top 和 margin-bottom。

4.2.3 inline-block 元素

inline-block 元素，也叫“行内块元素”。在 CSS 中，我们可以使用 display:inline-block; 将元素转换为行内块元素。行内块元素具有以下两个特点。

- 可以定义 width 和 height。
- 可以与其他行内元素位于同一行。

也就是说，inline-block 元素同时具备了 block 元素和 inline 元素的特点。在 HTML 中，最典型的 inline-block 元素有两个：img 和 input。这两个元素我们一定要记住，在前端面试中也会经常碰到。

举例

```
<!DOCTYPE html>
<html>
<head>
    <meta charset="utf-8" />
    <title></title>
    <style type="text/css">
        span
        {
            display:inline-block;
            width:60px;
            height:100px;
            background-color:red;
        }
    </style>
</head>
<body>
    <span></span>
    <span></span>
    <span></span>
</body>
</html>
```

程序预览效果如图 4-2 所示。

图 4-2　display:inline-block;

▼ 分析

默认情况下，span 是 inline 元素，它是无法定义 width 和 height 的，但是在这里我们使用 display:inline-block; 将其转化为 inline-block 元素后，就可以定义 width 和 height 了。细心的小伙伴会发现，怎么 inline-block 元素之间还有间距呢？对于这个，我们留到"4.5 去除 inline-block 元素间距"这一节再深入探讨。

接下来，我们再来看一个非常有用的例子：使用 a 元素来模拟按钮。

▼ 举例：模拟按钮

```
<!DOCTYPE html>
<html>
<head>
    <meta charset="utf-8" />
    <title></title>
    <style type="text/css">
        a
        {
            /*去除默认样式*/
            text-decoration:none;
            /*转换为inline-block元素*/
            display: inline-block;
            width:100px;
            height:36px;
            line-height:36px;
            text-align:center;
            border:1px solid #DADADA;
            border-radius:5px;
            font-family: "微软雅黑";
            cursor:pointer;
            cursor:pointer;
            background: linear-gradient(to bottom,#F8F8F8,#DCDCDC);   /*使用CSS3渐变*/
        }
        a:hover
        {
            color:white;
            background:linear-gradient(to bottom,#FFC559,#FFAF19);   /*使用CSS3渐变*/
        }
    </style>
</head>
<body>
```

```
        <a href="http://www.lvyestudy.com" target="_blank">绿叶学习网</a>
</body>
</html>
```

默认情况下，预览效果如图 4-3 所示。当鼠标指针移到元素上面时，预览效果如图 4-4 所示。

渐变按钮

图 4-3　默认效果

渐变按钮

图 4-4　悬停效果

▌ 分析

在实际开发中，我们可能经常需要为 span、a 等行内元素定义一定的 width 和 height，此时就应该考虑使用 display:inline-block; 来实现。

有些新手很容易忘记 inline-block 类型的特点。如果忘了，我们可以联想 img 这个元素，然后就想起来了：img 元素可以定义 width 和 height，还可以与其他行内元素（如 span）位于同一行。

对于块元素，IE6 和 IE7 不能识别 display:inline-block;，加不加 display:inline-block; 对它们完全没有任何影响。对此的解决方法是：在 IE6 和 IE7 中用 *display:inline;*zoom:1; 来代替 display:inline-block;。对于行内元素，比如 a、span 等，display:inline-block; 不存在兼容问题，所有浏览器都可以识别，所以我们可以正常使用。当然，由于 IE6 和 IE7 现在已经逐渐淡出历史舞台了，因此这些内容我们了解即可。

这一节，我们把 display 属性常见的 3 个属性值 block、inline 以及 inline-block 放在一起介绍，这样可以方便对比理解和记忆。对于其他属性值，我们接下来一一介绍。

4.3　display:none

4.3.1　display:none 简介

在 CSS 中，我们可以使用 display:none 来隐藏一个元素。display:none 在实际开发中应用非常广泛，比如二级导航、tab 选项卡等地方都会用到。不过大多数情况下，display:none 都是配合 JavaScript 来动态隐藏元素的。

对于 display:none，我们需要注意以下两点。

- ▶ display:none 一般用来配合 JavaScript 动态隐藏元素，被隐藏的元素不占据原来位置的空间。
- ▶ display:none 不推荐用来隐藏一些对 SEO（Search Engine Optimization，搜索引擎优化）关键的部分。因为对于搜索引擎来说，它会直接忽略 display:none 隐藏的内容，不会把 display:none 隐藏的内容加入权重考虑。

对于上面第 2 点，我们会在 "5.2 深入 text-indent" 这一节给大家详细介绍。

▌ 举例

```
<!DOCTYPE html>
<html>
```

```
<head>
    <meta charset="utf-8" />
    <title></title>
    <style type="text/css">
        div
        {
            display:inline-block;
            width:80px;
            height:80px;
            line-height:80px;
            border:1px solid red;
            font-size:40px;
            text-align:center;
        }
    </style>
</head>
<body>
    <div id="first">A</div>
    <div id="second">B</div>
    <div id="third">C</div>
</body>
</html>
```

预览效果如图 4-5 所示。

图 4-5　第 2 个 div 未设置 display:none

▼ 分析

当我们给第 2 个 div 添加 display:none 属性后，预览效果如图 4-6 所示。

图 4-6　第 2 个 div 设置 display:none

此时我们会发现第 2 个 div 元素隐藏了，并且被隐藏的元素不再占据原来位置的空间。

4.3.2　display:none 和 visibility:hidden 的区别

在 CSS 中，如果想要隐藏某一个元素，我们可以使用 display:none 或者 visibility:hidden 来实现。虽然两种方式都可以隐藏元素，但是它们之间有着本质的区别。

▶ display:none：元素被隐藏之后，不占据原来的位置，也就是说元素"彻底地消失了，看不见也摸不着”。

- visibility:hidden：元素被隐藏之后，依然占据原来的位置，也就是说元素“并没有彻底消失，看不见但摸得着”。

举例

```
<!DOCTYPE html>
<html>
<head>
    <meta charset="utf-8" />
    <title></title>
    <style type="text/css">
        #father
        {
            display:inline-block;
            border:1px solid gray;
            padding:10px;
        }
        #first,#second
        {
            display:inline-block;
            width:80px;
            height:80px;
            line-height:80px;
            font-size:40px;
            text-align:center;
            color:White;
            background-color:hotpink;
        }
    </style>
</head>
<body>
    <div id="father">
        <div id="first">A</div>
        <div id="second">B</div>
    </div>
</body>
</html>
```

预览效果如图4-7所示。

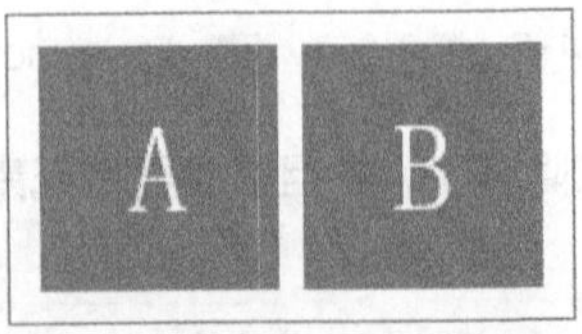

图4-7　A未设置display:none或visibility:hidden

分析

当我们在CSS样式的最后为id="first"的div元素添加display:none;后，预览效果如图4-8所示。

图 4-8 A 设置"display:none"

当我们在 CSS 样式的最后为 id="first" 的 div 元素添加 visibility:hidden; 后，预览效果如图 4-9 所示。

图 4-9 A 设置"visibility:hidden"

从以上例子我们可以看出：display:none 或者 visibility:hidden 都可以隐藏元素，不过使用 display:none 的元素被隐藏之后，不会占据原来的位置，而使用 visibility:hidden 的元素被隐藏之后，会占据原来的位置。

4.4 display:table-cell

在 CSS 中，display:table-cell 可以让元素以表格单元格的形式呈现。换句话说，就是 table-cell 类型元素具备 td 元素的特点。

目前，IE8 及其以上版本，包括其他现代浏览器都支持此属性，不过 IE6 和 IE7 并不支持。考虑到 IE6 和 IE7 使用率越来越低的情况，我们还是果断使用 display:table-cell 这一布局"神器"吧。

display:table-cell 非常强大，常见用途有以下 3 种。

▸ 图片垂直居中于元素。

▸ 等高布局。

▸ 自动平均划分元素。

4.4.1 图片垂直居中于元素

在 CSS 中，我们可以配合使用 display:table-cell 和 vertical-align:middle 来实现大小不固定的图片的垂直居中效果。

▼ **语法**

父元素

```
{
    display:table-cell;
    vertical-align:middle;
}
子元素{vertical-align:middle;}
```

▶ **举例**

```
<!DOCTYPE html>
<html>
<head>
    <meta charset="utf-8" />
    <title></title>
    <style type="text/css">
        div
        {
            display:table-cell;
            vertical-align:middle;
            width:150px;
            height:150px;
            border:1px solid gray;
            text-align:center;
        }
        img{vertical-align:middle;}
        div+div{border-left:none;}
    </style>
</head>
<body>
    <div><img src="img/haizei1.png" alt=""/></div>
    <div><img src="img/haizei2.png" alt=""/></div>
    <div><img src="img/haizei3.png" alt=""/></div>
</body>
</html>
```

预览效果如图 4-10 所示。

图 4-10　display:table-cell 实现图片的垂直居中

▶ **分析**

图片的水平居中可以使用 text-align:center 来实现，而图片的垂直居中可以配合使用 display:table-cell 和 vertical-align:middle 来实现。

图片的水平居中和垂直居中在实际开发中会经常用到，例如绿叶学习网中的图片列表效果就是使用以上方法来实现的，如图 4-11 所示。

图 4-11　绿叶学习网中的图片列表

4.4.2　等高布局

我们知道，同一行的单元格 td 元素高度是相等的，因此，table-cell 元素也具备这个特点。根据这个特点，我们可以实现等高布局效果。

▼ **举例**

```html
<!DOCTYPE html>
<html>
<head>
    <meta charset="utf-8" />
    <title></title>
    <style type="text/css">
        /*定义父元素具备tr特点*/
        #wrapper{display:table-row;}
        #img-box
        {
            display:table-cell;
            vertical-align:middle;          /*垂直居中*/
            text-align:center;              /*水平居中*/
            width:150px;
            border:1px solid red;
        }
        #text-box
        {
            display:table-cell;
            width:200px;
            border:1px solid red;
            border-left:none;
            padding:10px;
        }
    </style>
</head>
<body>
    <div id="wrapper">
        <div id="img-box">
```

```
            <img src="img/haizei1.png" alt=""/>
        </div>
        <div id="text-box">
            <span《ONE PIECE》(海贼王、航海王)简称"OP"，是日本漫画家尾田荣一郎的少年漫画作品。
在《周刊少年Jump》1997年34号开始连载。这部作品描写了拥有橡皮身体戴草帽的青年路飞，以成为"海贼王"为目标，和
同伴在大海上展开冒险的故事。</span>
        </div>
    </div>
</body>
</html>
```

预览效果如图 4-12 所示。

图 4-12　display:table-cell 实现等高布局

▶ 分析

在这个例子中，左右两个盒子都没有定义高度，而是由盒子的内容撑开。但是我们会发现一个很有趣的现象：**左右两个盒子高度相等，并且高度由两者高度的最大值决定**。这就是我们常说的"自适应等高布局"。

小伙伴们可能会问，这种自适应等高布局在实际开发中有什么用呢？举个简单的例子，如图 4-13 所示好友动态页中的两栏布局，就可以用这种自适应等高布局来实现。

图 4-13　好友列表中的等高布局

图 4-13 中的布局是分两栏排列的，左栏是图片，右栏是内容。对于这种布局，很多小伙伴首先想到的是为左右两栏定义相同的高度，然后借助浮动来实现。实际上，右栏的内容多少往往都是不确定的。如果定义固定的高度，内容超出了高度怎么办？此时，使用"自适应等高布局"就可以轻松实现了。

在自适应等高布局中，左右两栏都不定义高度，而是由内容撑起来，并且左右两栏的高度都是相同的。这个技巧相当棒，也非常实用，小伙伴们一定要掌握。

4.4.3 自动平均划分元素

如果想要使用列表元素来实现图 4-14 所示的布局，一般情况下我们都使用 float 来实现。但是这种方式，要求我们精准地计算每一个 li 的宽度。其实还有更优的方法，那就是为每一个 li 元素定义 display:table-cell，它会自动平均划分元素，并且使得它们在同一行显示。

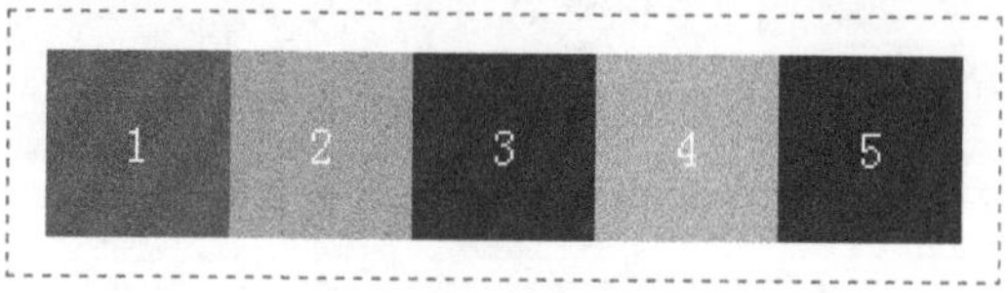

图 4-14 宽度相等的元素

语法

```
父元素{display:table;}
子元素{display:table-cell;}
```

说明

如果为父元素定义 display:table，为子元素定义 display:table-cell，然后为父元素定义一定的宽度，那么此时子元素的宽度就会根据子元素的个数自动平均划分。

举例

```
<!DOCTYPE html>
<html>
<head>
    <meta charset="utf-8" />
    <title></title>
    <style type="text/css">
        *{padding:0;margin:0;}
        ul
        {
            list-style-type:none;
            display:table;
            width:300px;
        }
        li
        {
            display: table-cell;
            height:60px;
            line-height:60px;
            text-align:center;
            color:White;
        }
```

```
        ul li:nth-child(1){background-color:red;}
        ul li:nth-child(2){background-color:orange;}
        ul li:nth-child(3){background-color:blue;}
        ul li:nth-child(4){background-color:silver;}
        ul li:nth-child(5){background-color:purple;}
    </style>
</head>
<body>
    <ul>
        <li>1</li>
        <li>2</li>
        <li>3</li>
        <li>4</li>
        <li>5</li>
    </ul>
</body>
</html>
```

默认情况下，预览效果如图 4-15 所示。当我们将 ul 元素的宽度改为 400px 后，预览效果如图 4-16 所示。

图 4-15　display:table-cell 自动平均划分元素

图 4-16　ul 宽度改为 400px 时的效果

▌ 分析

从上面的例子可以看出，ul 元素的宽度自动根据 li 元素的个数进行平均划分，并不需要我们指定每一个 li 元素的宽度。

4.5　去除 inline-block 元素间距

从之前的学习中可以知道，inline-block 元素之间会有一定的间距，我们还是先来看一个例子。

```
<!DOCTYPE html>
<html>
<head>
    <meta charset="utf-8" />
    <title></title>
    <style type="text/css">
        *{padding:0;margin:0;}
```

```
            ul{list-style-type:none; }
            li
            {
                display:inline-block;
                width:80px;
                height:80px;
                line-height:80px;
                font-size:40px;
                text-align:center;
                color:white;
                background-color:purple;
            }
        </style>
    </head>
    <body>
        <ul>
            <li>A</li>
            <li>B</li>
            <li>C</li>
        </ul>
    </body>
</html>
```

预览效果如图 4-17 所示。

图 4-17　inline-block 元素的间距

从图 4-17 我们可以看到，inline-block 元素之间有一定的间距。在实际开发中，这种间距有时会对我们的布局产生影响。大多数时候为了不影响布局，我们需要去除 inline-block 元素的间距。

在 CSS 中，我们可以为父元素定义一个 "font-size:0;" 来去除 inline-block 元素的间距。

▶ 语法

父元素{font-size:0;}

▶ 说明

font-size:0 是在 inline-block 元素的父元素中添加的。

▶ 举例

```
<!DOCTYPE html>
<html>
<head>
    <meta charset="utf-8" />
    <title></title>
    <style type="text/css">
        *{padding:0;margin:0;}
```

```
        ul
        {
            list-style-type:none;
            font-size:0;
        }
        li
        {
            display:inline-block;
            width:80px;
            height:80px;
            line-height:80px;
            font-size:40px;
            text-align:center;
            color:white;
            background-color:purple;
        }
    </style>
</head>
<body>
    <ul>
        <li>A</li>
        <li>B</li>
        <li>C</li>
    </ul>
</body>
</html>
```

预览效果如图 4-18 所示。

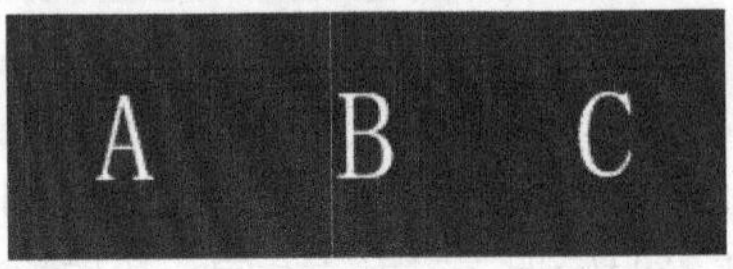

图 4-18　font-size:0 去除 inline-block 元素间距

◤ 举例

```
<!DOCTYPE html>
<html>
<head>
    <meta charset="utf-8" />
    <title></title>
</head>
<body>
    <img src="img/witcher.png" alt=""/>
    <img src="img/witcher.png" alt=""/>
    <img src="img/witcher.png" alt=""/>
</body>
</html>
```

默认情况下，预览效果如图 4-19 所示。当我们在 CSS 中添加 body{font-size:0} 后，预览效果如图 4-20 所示。

图 4-19　图片之间的间距

图 4-20　font-size:0 去除图片间距

▶ 分析

由于 img 元素也是 inline-block 元素，因此我们同样可以使用 font-size:0 来去除图片之间的间距。

实际上，如果想要去除 inline-block 元素的间距，除了使用 font-size:0，还有很多方法，比如负 margin、letter-spacing、word-spacing 等。不过其他方法或多或少都有一些问题，而且使用太多方法也容易增加我们的记忆负担。因此，我们只需要掌握 font-size:0 这一个方法就行了。

此外要注意一点，因为父元素使用了 font-size:0，所以子元素如果有文字需要定义自身的font-size，不然会因为继承而看不到文字。

第 5 章

文本效果

5.1 文本效果简介

在本系列的《从 0 到 1：HTML+CSS 快速上手》这本书中，讲解了常见的文本样式属性，如表 5-1 所示。为了让大家有一个循序渐进的学习过程，《从 0 到 1：HTML+CSS 快速上手》只介绍了基本的语法，因此本书将逐步深入讲解高级技巧。

表 5-1　CSS 文本属性

属性	说明
text-indent	首行缩进
text-align	水平对齐
text-decoration	文本修饰
text-transform	大小写转换
line-height	行高
vertical-align	垂直对齐
letter-spacing、word-spacing	字母间距、词间距

text-decoration、text-transform、letter-spacing 等属性相对来说比较简单。这一章我们主要带大家深入学习以下 4 个属性。

- ▶ text-indent。
- ▶ text-align。
- ▶ line-height。
- ▶ vertical-align。

5.2 深入 text-indent

在 CSS 中，我们可以使用 text-indent 属性来定义段落的首行缩进。在 "1.2 CSS 单位" 一节中，我们其实已经接触了有关 text-indent 属性的一个技巧，那就是**使用 text-indent:2em; 来实现段落的首行缩进**。在这一节中，我们再来深入学习 text-indent 的其他技巧。

有过开发经验的小伙伴们，或多或少都见过 text-indent:-9999px; 这种写法。在实际开发中，text-indent:-9999px; 一般用于网站的 LOGO 部分。在搜索引擎优化中，h1 是非常重要的标签。一般情况下，我们都是把网站的 LOGO 图片放到 h1 标签中。不过，搜索引擎只能识别文字，无法识别图片。为了更好地进行搜索引擎优化，此时应该怎么做呢？

有一个很好的解决方法就是：指定 h1 元素的长宽跟 LOGO 图片的长宽一样，然后定义 h1 的背景图片（background-image）为 LOGO 图片。也就是说，我们使用 LOGO 图片作为 h1 标签的背景图片，然后使用 text-indent:-9999px; 来隐藏 h1 的文字内容。

▌ 举例：text-indent:-9999px 隐藏文本

```html
<!DOCTYPE html>
<html>
<head>
    <meta charset="utf-8" />
    <title></title>
    <style type="text/css">
        h1
        {
            width:300px;
            height:100px;
            background-image:url(img/logo.jpg);
            text-indent:-9999px;
        }
    </style>
</head>
<body>
    <h1>绿叶学习网</h1>
</body>
</html>
```

预览效果如图 5-1 所示。

图 5-1　使用 text-indent:-9999px; 隐藏 h1 的文字内容

▌ 分析

在这个例子中，我们使用 text-indent:-9999px; 来隐藏 h1 的文字内容。如果没有使用 text-indent:-9999px;，得到的将会是如图 5-2 所示的效果。

图 5-2　没有使用 text-indent:-9999px; 时的效果

有些小伙伴可能会说，除了 text-indent:-9999px，不是还可以使用 display:none 来隐藏义字吗？这样效果是否也是一样的呢？

▼ 举例：display:none 隐藏文本

```html
<!DOCTYPE html>
<html>
<head>
    <meta charset="utf-8" />
    <title></title>
    <style type="text/css">
        h1
        {
            width:300px;
            height:100px;
            background-image:url(img/logo.jpg);
        }
        h1 span{display:none;}
    </style>
</head>
<body>
    <h1><span>绿叶学习网</span></h1>
</body>
</html>
```

预览效果如图 5-3 所示。

图 5-3　使用 display:none 隐藏 h1 的文字内容

▼ 分析

页面效果确实是达到了，但是搜索引擎却"不吃这一套"！为什么呢？对于使用 display:none; 隐藏的文字，搜索引擎一般都把这些文字当作垃圾信息忽略掉。要是这样，h1 的权重就会丢失。因此在实际开发中，我们不建议使用这种方式。

对于使用 text-indent:-9999px 这个技巧，在实际开发中经常用到，大家可以去查看绿叶学习网、w3cschool 以及其他网站 LOGO 部分的源代码，它们都在使用这种方式。

当然，大家想要更好地理解这个技巧，需要学习搜索引擎优化的知识。有关搜索引擎优化的知识，也是前端工程师必备的知识之一。

【解惑】

为什么定义 text-indent 为 -9999px，而不是 -999px 或 -99px 呢？

对于一般的计算机，常见的屏幕宽度有 1024px、1366px 等。之所以定义 text-indent 为 -9999px，是为了让文字缩进得足够多，就算是在高分辨率屏幕上也看不到文字，因为当今没有哪台计算机的屏幕宽度能够大于 9999px。如果定义 text-indent 为 -999px 或者 -99px，那么缩进的文字还是有可能会出现在浏览器窗口内，这就不是我们预期的效果了。

5.3 text-align

在 CSS 中，我们可以使用 text-align 属性来定义文本或图片的对齐方式，其中，text-align 属性的常用取值如表 5-2 所示。

表 5-2 text-align 属性取值

属性值	说明
left	左对齐
right	右对齐
center	居中

事实上，text-align 还有一个属性值为 justify（两端对齐），不过 justify 这个属性值本身会产生一些问题，在实际开发中极少用到，所以我们可以直接忽略。

▼ 举例

```
<!DOCTYPE html>
<html>
<head>
    <meta charset="utf-8" />
    <title></title>
    <style type="text/css">
        div
        {
            width:240px;
            height:100px;
```

```
            border:1px solid gray;
            margin-top:2px;
            text-align:center;
        }
    </style>
</head>
<body>
    <div>
        <img src="img/haizei2.png" alt=""/>
    </div>
    <div>海贼王娜美</div>
</body>
</html>
```

预览效果如图 5-4 所示。

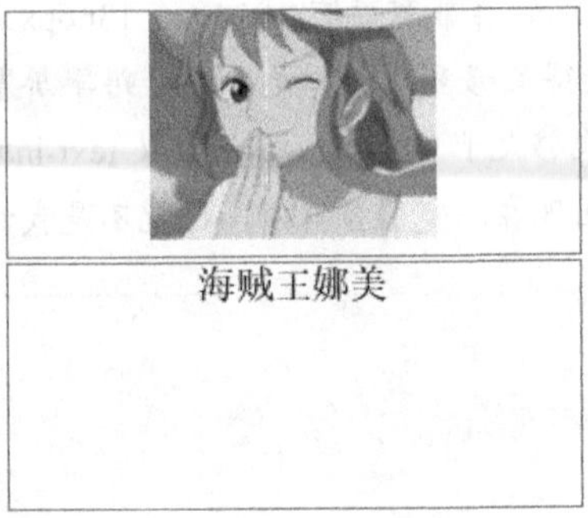

图 5-4 text-align 作用于文本和图片

▼ 分析

从这个例子可以看出，text-align 属性不仅可以作用于文本，还可以作用于图片。

5.3.1 text-align 起作用的元素

有些人会问，text-align 属性是不是只对文字和图片起作用呢？答案是否定的。比较准确的说法是：text-align 对文本、inline 元素以及 inline-block 元素都会起作用，但对 block 元素不起作用。其中，img 元素就属于 inline-block 元素。

▼ 举例

```
<!DOCTYPE html>
<html>
<head>
    <meta charset="utf-8" />
    <title></title>
    <style type="text/css">
        #outer-box
        {
            width:120px;
            height:80px;
```

```
            border:1px solid gray;
            text-align:center;
        }
        #inner-box
        {
            width:50px;
            height:50px;
            background-color:Orange;
        }
    </style>
</head>
<body>
    <div id="outer-box">
        <div id="inner-box"></div>
    </div>
</body>
</html>
```

预览效果如图 5-5 所示。

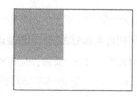

图 5-5　text-align 属性对 div 不起作用

▼ 分析

我们都知道 div 是 block 元素，如果想要水平居中 div 元素，可以先使用 display:inline-block 将 div 转化为 inline-block 元素，然后再使用 text-align:center。当然，在 "11.1 水平居中" 一节 我们会详细给大家介绍更多关于水平居中元素的技巧。

5.3.2　text-align:center; 与 margin:0 auto;

在实现页面水平居中的方式中，text-align:center; 与 margin:0 auto; 是最常见的两种水平居中方式，不过这两者也有着本质的区别。

▶ text-align:center; 实现的是文字、inline 元素以及 inline-block 元素的水平居中。

▶ margin:0 auto; 实现的是 block 元素的水平居中。

▶ text-align:center; 在父元素中定义，margin:0 auto; 在当前元素中定义。

5.4　深入 line-height

在 CSS 中，我们可以使用 line-height 属性来定义文本的行高。有的书中称 line-height 为行间距，其实这是非常不严谨的叫法。行高，顾名思义就是 "一行的高度"，而行间距指的是 "两行文本之间的距离"，两者是完全不一样的概念。本节我们来深入学习 line-height 属性。

5.4.1　line-height 的定义

在 CSS 中，line-height 还有一个更加准确的定义：两行文字基线之间的距离。

1. 顶线、中线、基线、底线

什么是基线？举例说明，我们都用过英文簿，英文簿每一行都有 4 条线，这 4 条线从上到下依次是：顶线、中线、基线、底线，如图 5-6 所示。

图 5-6　顶线、中线、基线、底线

在 CSS 中，每一行文字都可以看成一个"行盒子"，而每一个行盒子都有 4 条线：顶线、中线、基线、底线。没错，这 4 条线跟英文簿中的 4 条线是一样的道理。

此外 vertical-align 属性中的 top、middle、baseline、bottom 这 4 个属性值分别对应的就是顶线、中线、基线、底线。看到这里，相信小伙伴们可能都会情不自禁地惊叹一声："还有这种操作？！"

注意，基线并不是行盒子中最下面的线，而是倒数第 2 条线。由此我们可以很清楚地知道 line-height 究竟指的是哪一部分了。

2. 行高、行距与半行距

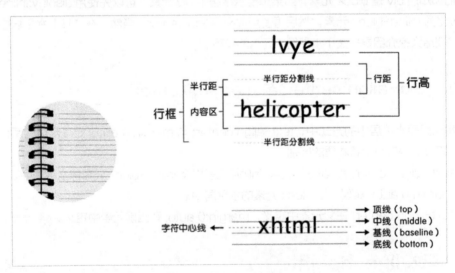

图 5-7　line-height 分析图

▶　行高

行高（即 line-height），指的是"两行基线之间的垂直距离"，如图 5-7 所示。

有些小伙伴就会问了："为什么 W3C 要这样定义 line-height 呢？直接定义 line-height 为两条底线之间的距离岂不是更好理解吗？"其实规则都是官方定义的，我们只需要去遵循就行了。这就跟我们过马路一样，没必要纠结为什么是"绿灯走、红灯停"，而不是"红灯走、绿灯停"。

▶ 行距

行距，指的是"上一行的底线到下一行的顶线之间的垂直距离，也就是两行文字之间的间隔"。

▶ 半行距

半行距，很好理解，指的是行距的一半。

为什么定义半行距？这是为了引出下面所提到的"行框（inline box）"。

3. 内容区与行框

▶ 内容区

内容区，指的是行盒子顶线到底线之间的垂直距离。

▶ 行框

行框，指的是两行文字"行半距分割线"之间的垂直距离。

5.4.2　深入 line-height

1. height 和 line-height

line-height 是有默认值的，当没有定义 line-height 属性时，浏览器就会采用默认的 line-height 值。

一行文字的高度是由 line-height 决定，而不是由 height 决定的。例如在 p 标签中，一个 p 标签的文字可以有很多行，其中 line-height 定义的是一行文字的高度，而 height 定义的才是整个段落的高度（即 p 标签的高度）。

在 CSS 中，我们可以定义 height 和 line-height 这两个属性值相等，从而实现单行文字的垂直居中。这是在实际开发中经常会使用到的一个技巧，希望大家记住。

▶ **举例：单行文字垂直居中**

```
<!DOCTYPE html>
<html>
<head>
    <meta charset="utf-8" />
    <title></title>
    <style type="text/css">
        div
        {
            width:240px;
            height:60px;
            border:1px solid gray;
            font-size:12px;
            text-align:center;
        }
        #div1{line-height:20px;}
```

```
            #div2{line-height:40px;}
            #div3{line-height:60px;}
        </style>
    </head>
    <body>
        <div id="div1">height为60px,line-height为20px</div>
        <div id="div2">height为60px,line-height为40px</div>
        <div id="div3">height为60px,line-height为60px</div>
    </body>
</html>
```

预览效果如图 5-8 所示。

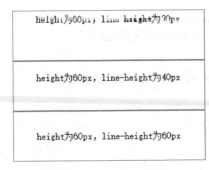

图 5-8　单行文字垂直居中

▉ 分析

为什么定义 height 和 line-height 这两个属性值相等，就可以实现单行文字的垂直居中呢？从上面这个例子，我们可以直观而感性地了解到其中的原因。

2. line-height 取值为百分比或 em 值

当 line-height 取值为百分比或者 em 值时，元素的行高是相对于"当前元素"的 font-size 值来计算的。计算公式如下。

```
line-height =（当前元素 font-size）×（百分比）
line-height =（当前元素 font-size）×（em值）
```

▉ 举例

```
<!DOCTYPE html>
<html>
<head>
    <meta charset="utf-8" />
    <title></title>
    <style type="text/css">
        #father
        {
            /*父元素行高: 30px×150%=45px*/
            font-size:30px;
            line-height:150%;
            background-color:hotpink;
```

```
            }
            #son
            {
                /*子元素行高: 20px×120%=24px*/
                font-size:20px;
                line-height:120%;
                background-color:lightskyblue;
            }
        </style>
    </head>
    <body>
        <div id="father">这是父元素
            <div id="son">这是子元素</div>
        </div>
    </body>
</html>
```

预览效果如图 5-9 所示。

图 5-9　line-height 取值为百分比

▌ 分析

　　父元素和子元素的 line-height 取值都是百分比，由于两者都定义了自身的 font-size，因此都会根据 line-height =（当前元素的 font-size）×（百分比）公式来计算最终的 line-height 值。

　　当然，通过查看浏览器控制台，我们可以很直观地看到结果，效果如图 5-10 和图 5-11 所示。

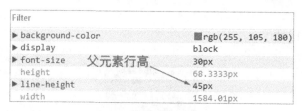

图 5-10　父元素行高

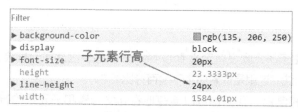

图 5-11　子元素行高

　　如果我们把子元素中 line-height:120%; 这一句代码删除，那么子元素会不会继承父元素的 line-height:150%; 呢？其实并不会。如果子元素没有定义 line-height（任何取值的 line-height

都可以），那么子元素就会直接继承父元素的 line-height 像素值，而不是百分比。具体请看下面的例子。

▼ 举例

```
<!DOCTYPE html>
<html>
<head>
    <meta charset="utf-8" />
    <title></title>
    <style type="text/css">
        #father
        {
            /*父元素行高：30px×150%=45px*/
            font-size:30px;
            line-height:150%;
            background-color:hotpink;
        }
        #son
        {
            /*子元素行高为45px（直接继承父元素行高的像素值）*/
            font-size:20px;
            background-color:lightskyblue;
        }
    </style>
</head>
<body>
    <div id="father">这是父元素
        <div id="son">这是子元素</div>
    </div>
</body>
</html>
```

预览效果如图 5-12 所示。

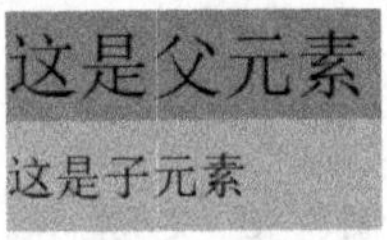

图 5-12 最终效果

▼ 分析

在这个例子中，由于子元素没有定义 line-height 属性，因此子元素会直接继承父元素 line-height 属性的像素值。注意这里是像素值，不是百分比。

通过查看浏览器控制台，我们也可以清楚地看到父元素和子元素的行高，如图 5-13 和图 5-14 所示。

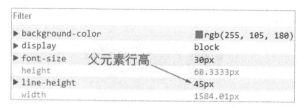

图 5-13　父元素行高

图 5-14　子元素行高

3. line-height 取值为无单位数字

line-height 还支持无单位数字的属性取值，在 CSS 中只有 line-height 属性具有这个特点。当 line-height 值为无单位数字时，实际的行高同样是相对于"当前元素"的 font-size 值来计算的。计算公式如下。

$$line\text{-}height = （当前元素的 font\text{-}size）×（无单位数字）$$

▌ 举例

```
<!DOCTYPE html>
<html>
<head>
    <meta charset="utf-8" />
    <title></title>
    <style type="text/css">
        body{font-size:30px;}
        #father
        {
            /*父元素行高: 30px×1.5=45px*/
            line-height:1.5;
            background-color:hotpink;
        }
        #son
        {
            /*子元素行高: 20px×1.5=30px(继承父元素的系数)*/
            font-size:20px;
            background-color:lightskyblue;
        }
    </style>
</head>
<body>
    <div id="father">这是父元素
        <div id="son">这是子元素</div>
    </div>
</body>
</html>
```

预览效果如图 5-15 所示。

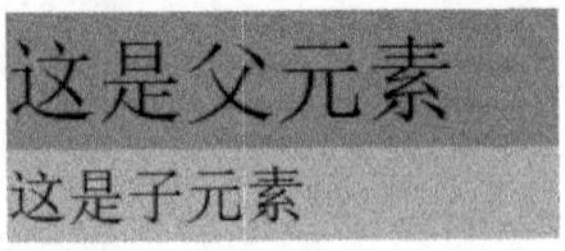

这是父元素

这是子元素

图 5-15　line-height 取值为无单位数字

▼ 分析

在上面的例子中，父元素的行高为 30px×1.5=45px，而子元素的行高为 20px×1.5=30px。也就是说，当 line-height 取值为无单位数字时，该无单位数字可以理解为一个系数。子元素继承的是父元素的系数，而不是直接继承父元素的 line-height。

通过查看浏览器控制台，我们可以很直观地看到结果，效果如图 5-16 和图 5-17 所示。

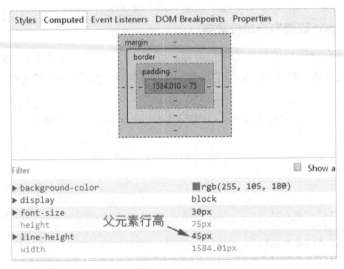

图 5-16　父元素行高

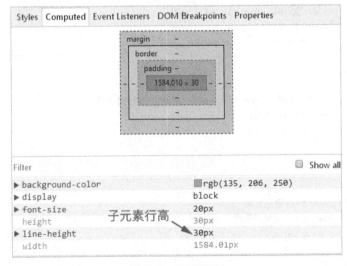

图 5-17　子元素行高

5.5 深入 vertical-align

vertical-align，很多人对这个属性很陌生，也不知道该怎么去使用。其实这都是因为我们没有深入了解属性的本质。vertical-align 属性非常复杂，但是也相当强大。在这一节中，我们来深入探讨 vertical-align 的技术内幕，并介绍一些非常实用的技巧。

W3C 官方对 vertical-align 属性的定义有以下 4 个方面的解释。

▸ vertical-align 属性用于定义**周围的文字、inline 元素以及 inline-block 元素相对于该元素基线的垂直对齐方式**。这里的"该元素"指的是被定义了 vertical-align 属性的元素。

▸ 在表格单元格中，vertical-align 属性可以定义单元格 td 元素中内容的对齐方式。td 元素是 table-cell 元素，也就是说 vertical-align 属性对 table-cell 类型元素有效。

▸ vertical-align 属性对 inline 元素、inline-block 元素和 table-cell 元素有效，对 block 元素无效。

▸ vertical-align 属性允许指定负长度值（如 -2px）和百分比值（如 50%）。

从 5.4 节我们知道，每一行文字都可以看成一个行盒子。事实上，每一个 inline-block 元素也可以看成一个行盒子。其中每一个行盒子同样也有 4 条线：顶线、中线、基线、底线。这 4 条线跟英文簿中的 4 条线是相似的，如图 5-18 所示。

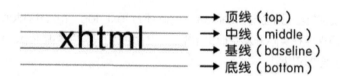

图 5-18 顶线、中线、基线、底线

vertical-align 属性中的基线跟 line-height 属性中的基线是一样的道理。在 CSS 中，vertical-align 属性最常见的属性值有 4 个，如表 5-3 所示。

表 5-3 vertical-align 属性取值

属性值	说明
top	顶部对齐
middle	中部对齐
baseline	基线对齐
bottom	底部对齐

5.5.1 vertical-align 属性取值

vertical-align 属性取值有 3 种情况：负值、百分比和关键字。

1. 负值

vertical-align 属性取值可以为负值，例如，vertical-align:-2px 表示使得元素相对于基线向上偏移 2px。这个方法常常用于解决单选框或复选框与周围文本垂直对齐的问题。对于这个技巧，我们在"第 6 章　表单效果"中详细介绍。

2. 百分比

vertical-align 属性取值可以为百分比，这个百分比是相对于当前元素所继承的 line-height 属性值而决定的。

举个例子，如果当前元素定义了一个 vertical-align:50%，并且它的 line-height 为 20px，则 vertical-align:50% 实际上等价于 vertical-align:10px。其中，vertical-align:10px 表示当前元素相对于它的基线向下偏移 10px。

3. 关键字

vertical-align 属性取值可以为关键字，如表 5-4 所示。

表 5-4　vertical-align 取值为关键字

取值	说明
top	顶部对齐
middle	中部对齐
baseline	基线对齐
bottom	底部对齐

除了表 5-4 列出的这些属性值，vertical-align 还有 text-top、text-bottom、super、sub 等属性值。不过其他属性值在实际开发中很少用得上，因此我们只需要掌握 top、middle、baseline、bottom 这 4 个属性值就可以了。

� 举例

```
<!DOCTYPE html>
<html>
<head>
    <meta charset="utf-8" />
    <title></title>
    <style type="text/css">
        img{width:80px;height:80px;}
        #img1{vertical-align:top;}
        #img2{vertical-align:middle;}
        #img3{vertical-align:bottom;}
        #img4{vertical-align:baseline;}
    </style>
</head>
<body>
    绿叶学习网<img id="img1" src="img/girl.png" alt=""/>绿叶学习网（<strong>top</strong>）
    <hr/>
    绿叶学习网<img id="img2" src="img/girl.png" alt=""/>绿叶学习网（<strong>middle</strong>）
    <hr/>
    绿叶学习网<img id="img3" src="img/girl.png" alt=""/>绿叶学习网（<strong>bottom</strong>）
    <hr/>
    绿叶学习网<img id="img4" src="img/girl.png" alt=""/>绿叶学习网（<strong>baseline</strong>）
```

```
</body>
</html>
```

预览效果如图 5-19 所示。

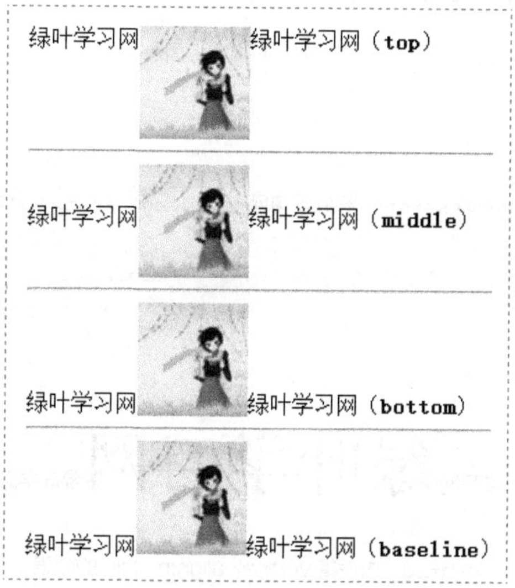

图 5-19 vertical-align 各个属性值效果

分析

根据 W3C 的定义：**vertical-align 属性用于定义周围文字、inline 元素或 inline-block 元素相对于该元素基线的垂直对齐方式**。在这个例子中，vertical-align 属性定义的是周围的文字相对于 img 元素基线的垂直对齐方式。

此外，vertical-align:baseline 和 vertical-align:bottom 是有区别的，请仔细观察上面这个例子的预览效果。

5.5.2 vertical-align 属性应用

我们从以下 3 个方面来介绍 vertical-align 属性的使用情况：inline 元素和 inline-block 元素、block 元素、table-cell 元素。

1. inline 元素和 inline-block 元素

在 HTML 中，常见的 inline-block 元素有两个：img 和 input。这两个 inline-block 元素，小伙伴们一定要记住。

举例：文本

```
<!DOCTYPE html>
<html>
<head>
    <meta charset="utf-8" />
    <title></title>
```

```
    <style type="text/css">
        strong
        {
            font-size:40px;
            border:1px solid red;
        }
        span{font-size:12px;}
    </style>
</head>
<body>
    <span>绿叶学习网</span><strong>绿叶学习网</strong><span>绿叶学习网</span>
</body>
</html>
```

预览效果如图 5-20 所示。

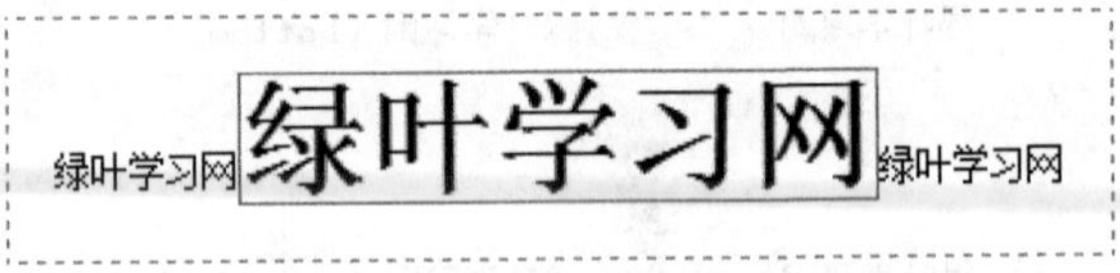

图 5-20 未设置 vertical-align:middle 的效果

◤ 分析

当我们在 CSS 中为 strong 元素添加 vertical-align:middle; 之后，预览效果如图 5-21 所示。

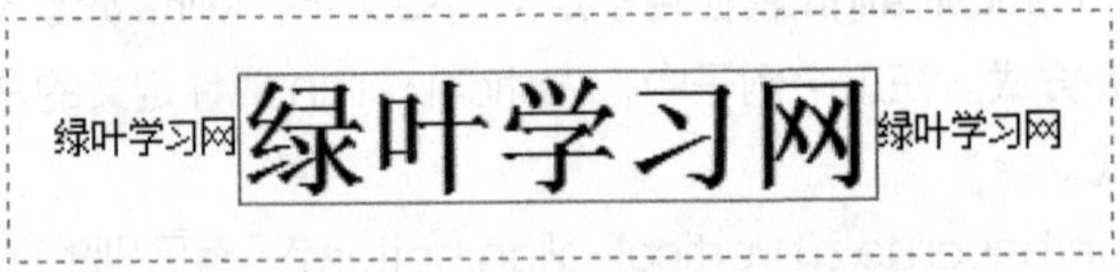

图 5-21 设置 vertical-align:middle 后的效果

◤ 举例：图片

```
<!DOCTYPE html>
<html>
<head>
    <meta charset="utf-8" />
    <title></title>
    <style type="text/css">
        img{vertical-align:middle;}
    </style>
</head>
<body>
    <div>绿叶学习网<img src="img/girl.png" alt=""/>绿叶学习网(<strong>middle</strong>)
</div>
</body>
</html>
```

预览效果如图 5-22 所示。

图 5-22　设置了 vertical-align:middle 的图片效果

2. block 元素

vertical-align 属性对 inline 元素、inline-block 元素和 table-cell 元素有效，对 block 元素无效。

▶ **举例**

```
<!DOCTYPE html>
<html>
<head>
    <meta charset="utf-8" />
    <title></title>
    <style type="text/css">
        div
        {
            vertical-align:middle;
            width:120px;
            height:120px;
            border:1px solid gray;
        }
    </style>
</head>
<body>
    <div><img src="img/girl.png" alt=""/></div>
</body>
</html>
```

预览效果如图 5-23 所示。

图 5-23　设置 vertical-align:middle 的 div 元素

▶ **分析**

div 元素是 block 类型，因此 vertical-align 属性对其无效。如果想要在 div 中实现图片的垂直居中，我们可以先为 div 定义 display:table-cell，也就是将 block 元素转化为 table-cell 元素（表格单元格），然后再使用 vertical-align:middle 就可以实现了。

▼ 举例：图片垂直居中

```
<!DOCTYPE html>
<html>
<head>
    <meta charset="utf-8" />
    <title></title>
    <style type="text/css">
        div
        {
            display:table-cell;
            vertical-align:middle;
            width:120px;
            height:120px;
            border:1px solid gray;
        }
    </style>
</head>
<body>
    <div><img src="img/girl.png" alt=""/></div>
</body>
</html>
```

预览效果如图 5-24 所示。

图 5-24　在 div 中 vertical-align:middle 实现图片垂直居中效果

▼ 分析

在 div 中实现图片垂直居中是很常见的技巧，我们在后续章节还会给大家介绍更多垂直居中的技巧。

3. table-cell 元素

根据 W3C 定义，在表格单元格中，vertical-align 属性可以定义单元格中内容的对齐方式。也就是说 vertical-align 属性对 table-cell 类型元素有效。

这里要注意，table-cell 元素跟 inline、inline-block 元素对于 vertical-align 的使用是有很大区别的。

- ▶ inline 元素和 inline-block 元素的 vertical-align 是针对周围的元素来说的，vertical-align 定义的是周围元素相对于当前元素的对齐方式。
- ▶ table-cell 元素的 vertical-align 属性是针对自身而言的。vertical-align 定义的是内部子元

素相对于自身的对齐方式。

▶ 举例

```
<!DOCTYPE html>
<html>
<head>
    <meta charset="utf-8" />
    <title></title>
    <style type="text/css">
        td
        {
            width:120px;
            height:120px;
            border:1px solid gray;
            vertical-align:middle;
        }
    </style>
</head>
<body>
    <table>
        <tr>
            <td><img src="img/girl.png" alt=""/></td>
            <td><img src="img/girl.png" alt=""/></td>
            <td><img src="img/girl.png" alt=""/></td>
        </tr>
    </table>
</body>
</html>
```

预览效果如图 5-25 所示。

图 5-25　设置了 vertical-align:middle 的 td 元素

　　看完这一章，相信那些自诩精通 CSS 的人都认识到了自己的不足。原来，CSS 是如此博大精深，并非我们想象中那么简单。对于 HTML、CSS 和 JavaScript 这三大核心技术，还是希望大家能够踏踏实实地深入研究，这样我们的前端之路才有可能走得更远。

第6章

表单效果

6.1　表单效果简介

表单，在实际开发中十分常见，几乎每一个网站都会涉及表单。一个表单是否美观，对用户体验来说是非常重要的。毕竟在一个站点中，表单是用户注册登录经常用到的，如图 6-1 所示功能。

别看一个表单结构那么简单，有时候使用 CSS 操作起来也是一件很头疼的事情。相信有过开发经验的小伙伴已经碰到过各种各样麻烦的问题，比如"文本框与文字无法对齐""复选框与文字无法垂直居中"。

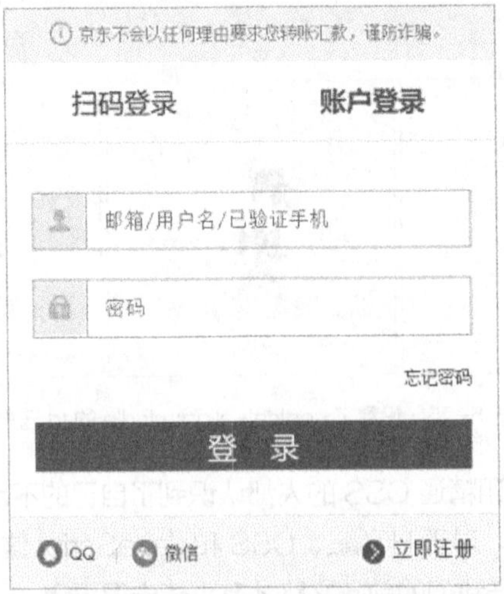

图 6-1　表单效果

在本章中，我们将从以下 3 个方面来深入学习表单的开发技巧。

▶ 深入 radio 和 checkbox。

▶ 深入 textarea。

> ▶ 表单对齐。

这一章我们只会关注表单开发的 CSS 技巧，而暂时不去关注表单的动态操作，如文本框聚焦失焦、单 / 复选框全选等，那些是属于 JavaScript 或 jQuery 的范畴。感兴趣的小伙伴可以关注绿叶学习网的开源教程或"从 0 到 1"系列相关图书。

6.2 深入 radio 和 checkbox

radio 指的是单选框，而 checkbox 指的是复选框。对于 radio 和 checkbox，我们主要学习一个方面就行了，即**单选框或复选框与文字垂直居中对齐。**

现在大部分网站的主流字体大小都是 12px 或者 14px。在表单开发中，无论是 12px，还是 14px，文字与单选框或复选框都是不对齐的，这样特别难看，用户体验比较差，如图 6-2 和图 6-3 所示。

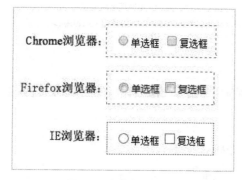

图 6-2　字体大小为 12px

图 6-3　字体大小为 14px

默认情况下，单选框或复选框与它们周围的文本是以 vertical-align:baseline 的方式对齐的，这导致两者在垂直方向上对不齐。既然是 vertical-align 属性导致的问题，那么我们就可以使用 vertical-align 属性来解决，"以其人之道还治其人之身"。

▊ 语法

vertical-align: 像素值；

▊ 说明

根据实际开发需求，开发者需要分两种情况考虑。

> ▶ 当文字大小为 12px 时，我们给单选框或复选框定义 vertical-align:-3px，即可解决对齐问题。
> ▶ 当文字大小为 14px 时，我们给单选框或复选框定义 vertical-align:-2px，即可解决对齐问题。

其中，vertical-align:-3px 表示元素相对于基线向下偏移 3px。对于基线的概念，我们在"5.4 深入 line-height"一节中已经详细给大家介绍了。

▊ 举例

```
<!DOCTYPE html>
<html>
<head>
```

```
    <meta charset="utf-8" />
    <title></title>
    <style type="text/css">
        /*文字大小为12px*/
        #p1{font-size:12px;}
        #p1 input{vertical-align:-3px;}
        /*文字大小为14px*/
        #p2{font-size:14px;}
        #p2 input{vertical-align:-2px;}
    </style>
</head>
<body>
    <p id="p1">
        <input id="rdo1" type="radio" /><label for="rdo1">单选框</label>
        <input id="cbk1" type="checkbox" /><label for="cbk1">复选框</label>
    </p>
    <p id="p2">
        <input id="rdo2" type="radio" /><label for="rdo2">单选框</label>
        <input id="cbk2" type="checkbox" /><label for="cbk2">复选框</label>
    </p>
</body>
</html>
```

预览效果如图 6-4 所示。

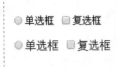

图 6-4　vertical-align 实现单选框和复选框与文字对齐

▶ 分析

　　上面这个例子是字体大小为 12px 和 14px 时的解决方法，如果页面字体大小为 15px、16px 等，解决办法也是类似的。我们只需要稍微调整一下 vertical-align 属性的数值，直到效果满意为止，非常简单。

6.3　深入 textarea

　　textarea 指的是多行文本框。对于 textarea，有两个方面的内容需要我们深入学习。

- ▶ 固定大小，禁用拖动。
- ▶ 在 Chrome、Firefox 和 IE 中实现相同的外观。

6.3.1　固定大小，禁用拖动

　　在使用 Chrome 或 Firefox 浏览器时，我们会发现 textarea 元素右下角有一个小三角。当使用鼠标指针拖曳小三角时，textarea 可以放大或缩小。在主流浏览器中，Chrome 浏览器和 Firefox 浏览器都有这样的功能，但是 IE 浏览器是没有的，如图 6-5 和图 6-6 所示。

　　实际上，这个功能是浏览器开发者为了方便用户操作添加的。因为前端开发人员在设计页面的时候，为了防止破坏页面布局，一般都会给 textarea 定义固定的宽度和高度。但是有些用户又不愿意，觉得 textarea 太小或者太大。这个时候有了小三角拖曳的功能，用户就可以自己选择合适的大小了。

图 6-5　Chrome 浏览器下的 textarea　　　　图 6-6　IE 浏览器下的 textarea

　　我们知道，如果用户过分拖动小三角会影响页面布局，使得页面不美观，因此在实际开发中，往往都会固定大小或者禁止拖动。

1. 固定大小

　　在 CSS 中，我们可以使用 min-width 和 min-height 来定义 textarea 的最小宽度和最小高度，也可以使用 max-width 和 max-height 来定义 textarea 的最大宽度和最大高度。

▌ 举例

```
<!DOCTYPE html>
<html>
<head>
    <meta charset="utf-8" />
    <title></title>
    <style type="text/css">
        textarea
        {
            width:100px;
            height:80px;
            max-width:200px;
            max-height:160px;
        }
    </style>
</head>
<body>
    <textarea></textarea>
</body>
</html>
```

预览效果如图 6-7 所示。

图 6-7　textarea 固定大小

▌ **分析**

一般情况下，对于 textarea 元素来说，min-width 和 min-height 用的较少，而 max-width 和 max-height 用的较多。max-width 和 max-height 可以控制 textarea 的最大宽度和最大高度，这使得用户在拖动小三角的同时，不会破坏原来的布局。

2. 禁止拖动

如果我们想要彻底禁止用户通过拖动小三角来改变 textarea 元素大小的这种行为，可以使用 CSS 中的 resize 属性来实现。

▌ **语法**

```
resize:none;
```

▌ **说明**

resize:none 表示禁用 textarea 元素的拖动功能，此时 textarea 元素右下方的小三角会消失。

▌ **举例**

```html
<!DOCTYPE html>
<html>
<head>
    <meta charset="utf-8" />
    <title></title>
    <style type="text/css">
        textarea
        {
            width:100px;
            height:80px;
            resize:none;
        }
    </style>
</head>
<body>
    <textarea></textarea>
</body>
</html>
```

预览效果如图 6-8 所示。

图 6-8　textarea 禁止拖动

▌ **分析**

如果想要禁止用户拖动 textarea，除了可以用 resize:none 之外，还有一种方法：将 max-width 与 width 定义相同值，并且将 max-height 与 height 也定义相同值。不过在实际开发中，还是推荐使用 resize:none 这种实现方式。

6.3.2 在 Chrome（或 Firefox）和 IE 中实现相同的外观

textarea 元素有 cols 和 rows 两个属性：cols 属性用来控制列数（也就是每行文字的个数）；rows 属性用来控制行数。但是如果使用 cols 和 rows 这两个属性来控制 textarea 外观大小，我们会发现页面有以下两个特点。

- 在 Chrome（或 Firefox）和 IE 中，每行字数和文字的列数是不相同的。
- 默认情况下，IE 有滚动条，而 Chrome（或 Firefox）没有滚动条。（从图 6-5 和图 6-6 可以看出。）

那在实际开发中，怎么使得 textarea 在 Chrome（或 Firefox）和 IE 中具有相同的外观效果呢？其实很简单，只需要两步就能实现。

- 第 1 步，使用 CSS 的 width 和 height 来定义 textarea 的大小。
- 第 2 步，使用 overflow:auto 来定义 textarea 的滚动条自适应。

举例

```
<!DOCTYPE html>
<html>
<head>
    <meta charset="utf-8" />
    <title></title>
    <style type="text/css">
        textarea
        {
            width:100px;
            height:80px;
            overflow:auto;
            resize:none;
        }
    </style>
</head>
<body>
    <textarea></textarea>
</body>
</html>
```

预览效果如图 6-9 所示。

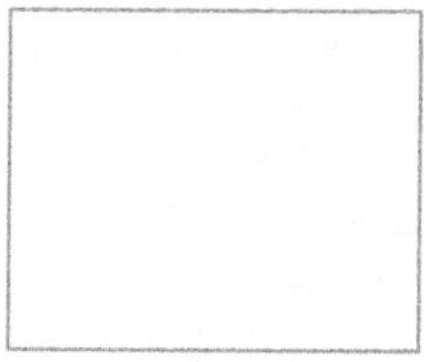

图 6-9　在 Chrome（或 Firefox）和 IE 中实现相同的 textarea 外观

对于上面这个例子，我们自行在各个浏览器中查看，可以发现 textarea 元素的外观都是一样的。

6.4 表单对齐

在表单操作中，我们经常需要实现如图 6-10 所示的对齐效果：左边是文字，右边是表单元素。在图 6-10 的布局方式中，表单元素排列很整齐，非常美观。

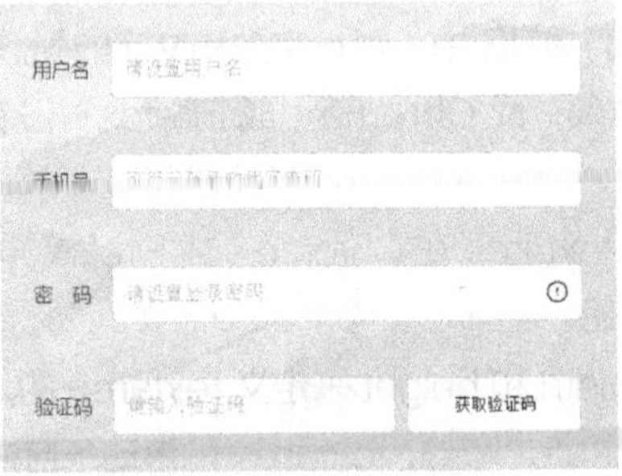

图 6-10 百度的注册表单

表单对齐，是表单操作中必然会碰到的一件事。这看似很简单，但如果不懂得技巧，实现起来不一定容易。

为了实现对齐，不少初学者都是逐个设置 input（或 label）元素的 padding 或 margin，来慢慢调整。但是这种方式会使得 CSS 代码非常冗杂，也难以维护。

很多大型网站，包括百度、京东、腾讯等，都是采用如下方法来实现的。

- ▶ 每一行表单分为左栏加若干右栏。所有行的左栏长度相等，所有行的右栏所有盒子长度之和相等。左栏一般是一个 label，右栏是若干个文本框。
- ▶ 所有左栏盒子和右栏盒子都设置为左浮动。
- ▶ 左栏 text-align 属性定义为 right，使得文字右对齐。
- ▶ 最重要的一点，每一行中左栏长度和右栏所有盒子的总长度之和等于行宽。这里的盒子包括 width、padding、border 和 margin。

如果还是不知道怎么回事，我们先来看一个例子。

▶ **举例**

```
<!DOCTYPE html>
<html>
<head>
    <meta charset="utf-8" />
    <title></title>
    <style type="text/css">
        form
        {
            width:320px;
            font-family:Arial;
            font-size:14px;
            font-weight:bold;
        }
```

```css
    /*清除每一个p中的浮动*/
    p{overflow:hidden;}
    label
    {
        float:left;
        width:60px;
        height:40px;
        line-height:40px;
        text-align:right;
        margin-right:10px;
    }
    input:not(#submit)
    {
        float:left;
        height:16px;
        padding:10px;
        border:1px solid silver;
    }
    #tel,#pwd
    {
        width:228px;
    }
    #verifyCode
    {
        width:118px;
        margin-right:10px;
    }
    #submit
    {
        width:100px;
        height:40px;
        border:1px solid gray;
        padding:0;
        background-color:#F1F1F1;
    }
    </style>
</head>
<body>
    <form method="post">
        <p>
            <label for="tel">手机号</label>
            <input id="tel" type="text"/>
        </p>
        <p>
            <label for="pwd">密码</label>
            <input id="pwd" type="password"/>
        </p>
        <p>
            <label for="verifyCode">验证码</label>
            <input id="verifyCode" type="text"/>
            <input id="submit" type="submit"/>
        </p>
    </form>
</body>
</html>
```

预览效果如图 6-11 所示。

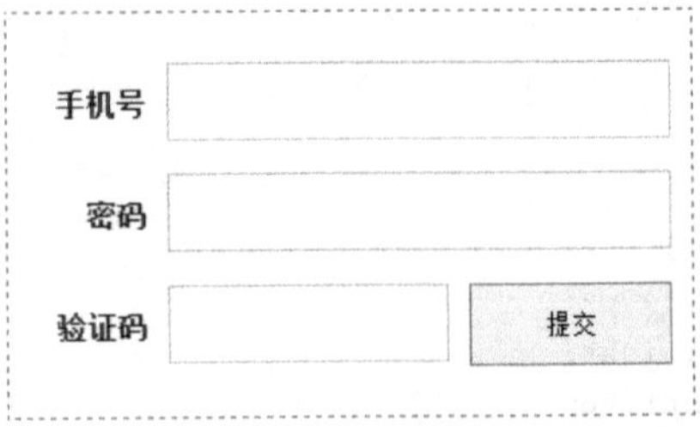

图 6-11 表单对齐实例

◤ 分析

在这个例子中，我们使用 overflow:hidden 来清除每一个 p 元素中的浮动。浏览器自带的调试工具可以很好地帮助我们调试和查看各个盒子的长度。对于 Chrome 浏览器，我们可以使用“ctrl”+“shift”+“i”快捷键打开调试工具。而对于 Firefox 浏览器，我们可以使用 Firebug 工具来调试。这个例子的 CSS 样式很多，我们只需要关注长度的计算即可。

第 1 行中的长度情况如图 6-12 所示，60px 是左盒子的长度（width+border+padding），250px 是右盒子的长度（width+border+padding）。因此，第 1 行总长度为 60px+250px+10px = 320px，刚好等于行宽 320px，其中 10px 是 margin 值。

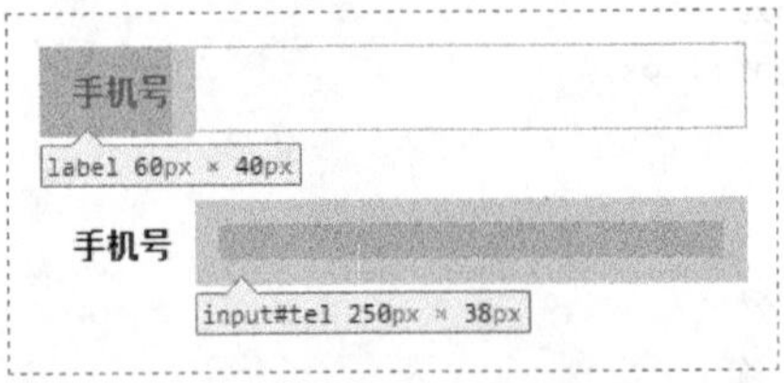

图 6-12 第 1 行长度分析图

第 3 行中的长度情况如图 6-13 所示，60px 是左盒子的长度（width+border+padding），140px 是中间盒子的长度（width+border+padding），100px 是右盒子的长度（width+border+padding）。因此，第 3 行总长度为 60px+140px+100px+10px+10px=320px，刚好等于行宽 320px，其中 10px 是 margin 值。

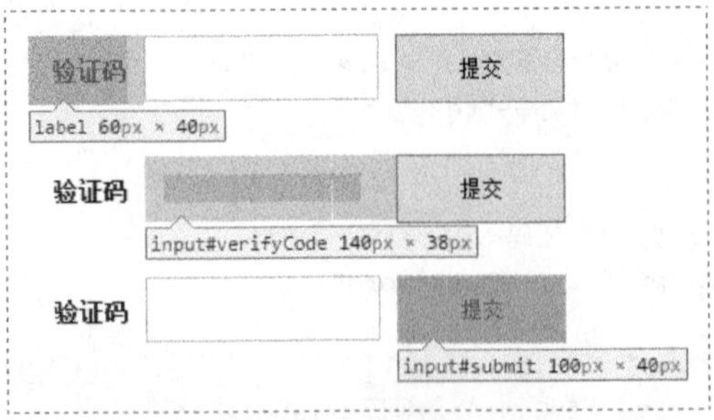

图 6-13 第 3 行长度分析图

建议大家下载本书源代码，然后结合浏览器调试工具进行学习。此外，在页面布局中如果碰到问题，建议大家多去查看大型网站的页面布局，相信从中可以学到很多东西。

第 7 章

浮动布局

在学习浮动布局和定位布局之前，我们先来了解"正常文档流"和"脱离文档流"。深入了解这两个概念，是学习浮动布局和定位布局的理论前提。

7.1.1　正常文档流

什么是"文档流"？简单来说，就是指元素在页面中出现的先后顺序。那什么又是"正常文档流"呢？

正常文档流，又称为"普通文档流"或"普通流"，也就是 W3C 标准所说的"normal flow"。我们先来看一下正常文档流的简单定义："正常文档流就是将一个页面从上到下分为一行一行的，其中块元素独占一行，相邻行内元素在每一行中按照从左到右排列，直到该行排满的布局情况。"

也就是说，正常文档流，指的就是默认情况下页面元素的布局情况。

▼ 举例

```
<!DOCTYPE html>
<html>
<head>
    <meta charset="utf-8" />
    <title></title>
</head>
<body>
    <div></div>
    <span></span><span></span>
    <p></p>
    <span></span><i></i>
    <img />
```

```
    <hr />
</body>
</html>
```

上面 HTML 代码的正常文档流如图 7-1 所示，相应的分析图如图 7-2 所示。

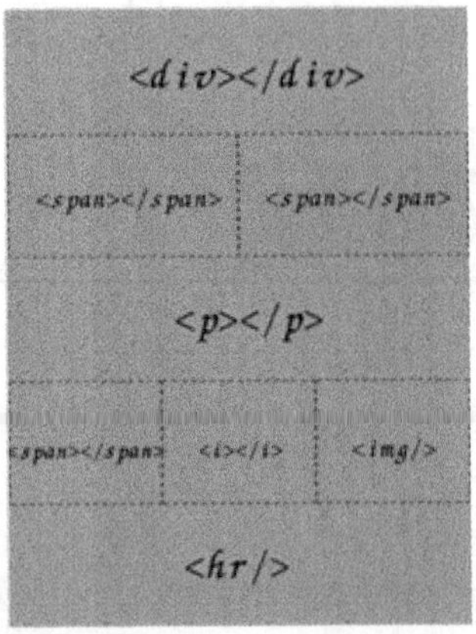

图 7-1 HTML 代码对应的正常文档流

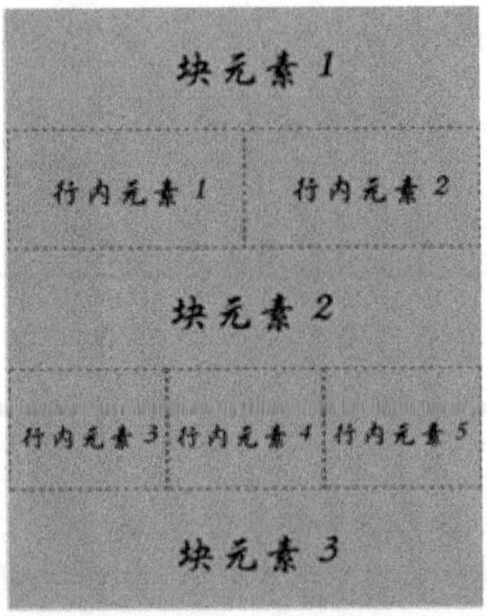

图 7-2 正常文档流分析图

分析

由于 div、p、hr 都是块元素，因此独占一行。而 span、i、img 都是行内元素，因此如果两个行内元素相邻，就会位于同一行，并且从左到右排列。

7.1.2 脱离文档流

脱离文档流，指的是脱离正常文档流。正常文档流就是我们没有使用浮动或者定位去改变的默认情况下的 HTML 文档结构。换句话说，如果我们想要改变正常文档流，可以使用两种方法：一种是“浮动”，另外一种是“定位”。

举例

```
<!DOCTYPE html>
<html>
<head>
    <meta charset="utf-8" />
    <title></title>
    <style type="text/css">
        /*定义父元素样式*/
        #father
        {
            width:300px;
            background-color:#0C6A9D;
            border:1px solid silver;
        }
        /*定义子元素样式*/
        #father div
```

```
            {
                padding:10px;
                margin:15px;
                border:2px dashed red;
                background-color:#FCD568;
            }
        </style>
    </head>
    <body>
        <div id="father">
            <div id="son1">box1</div>
            <div id="son2">box2</div>
            <div id="son3">box3</div>
        </div>
    </body>
</html>
```

预览效果如图 7-3 所示。

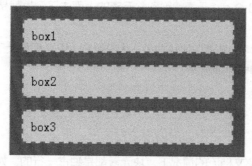

图7-3　正常文档流效果

▶ **分析**

上面定义了 3 个 div 元素。对于这个 HTML 来说，正常文档流，指的就是从上到下依次显示这 3 个 div 元素。由于 div 是块元素，因此每个 div 元素独占一行。

1. 设置浮动

当我们为第 2 个、第 3 个 div 元素设置左浮动时，预览效果如图 7-4 所示。

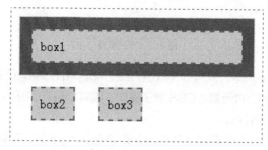

图7-4　浮动效果

在正常文档流的情况下，div 是块元素，会独占一行。但是由于设置了浮动，第 2 个、第 3 个 div 元素并列一行，并且跑到父元素之外，跟正常文档流不一样。也就是说，设置浮动使得元素脱离了正常文档流。

2．设置定位

当我们为第 3 个 div 元素设置绝对定位的时候，预览效果如图 7-5 所示。

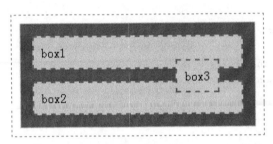

图 7-5　定位效果

由于设置了定位，第 3 个 div 元素就跑到父元素的上面去了。也就是说，设置了定位使得元素脱离了正常文档流。

"正常文档流"和"脱离文档流"比较抽象，大家结合"12.3 层叠上下文（stacking context）"这一节的知识来学习，就很容易理解了。

7.2　深入浮动

我们已经知道，在正常文档流的情况下，块元素都是独占一行的。如果想要使得两个或者多个块元素并排在同一行，可以考虑通过使用浮动将块元素脱离正常文档流来实现。

浮动可以使得元素移到左边或者右边，并且允许后面的文字或元素环绕着它。浮动最常用于实现水平方向上的并排布局，例如两列布局、多列布局。也就是说，如果想要实现两列并排或者多列并排的效果，可以考虑使用浮动，如图 7-6 所示。这里要清楚一点，浮动一般用于实现水平方向的布局，而不是垂直方向的布局。

图 7-6　多列布局

浮动（float）的属性很简单，只有 3 个取值：left、right 和 none。但是浮动涉及的理论知识却非常多，其中包括块元素和行内元素、CSS 盒子模型、脱离文档流、BFC、层叠上下文等。

浮动具有两个最重要的特点。

▶ 第 1 个特点是，当一个元素定义了 float:left 或 float:right 时，不管这个元素之前是 inline、inline-block，还是其他类型，都会变成 block 类型。也就是说，浮动元素会表现为块元素效果，然后可以定义 width、height、padding 和 margin。因此，如果你再去为浮动元素定义 display:block，完全是多此一举。

这里特别要注意，我们可以使用 margin-left 或 margin-right 来定义浮动元素与其他元素之间的间距。

▛ **举例**

```html
<!DOCTYPE html>
<html>
<head>
    <meta charset="utf-8" />
    <title></title>
    <style type="text/css">
        span
        {
            float:left;
            width:50px;
            height:80px;
            border:1px solid gray;
            margin-left:10px;
        }
    </style>
</head>
<body>
    <span></span>
    <span></span>
    <span></span>
</body>
</html>
```

预览效果如图 7-7 所示。

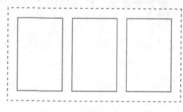

图 7-7　浮动实现多列布局

▛ **分析**

span 本身是 inline 元素，但是设置了浮动之后，就变成了 block 元素，并且可以设置 width、height 和 margin 等。

▶ 第 2 个特点是，当一个元素定义了 float:left 或 float:right 时，这个元素会脱离文档流，后面的元素会紧跟着填上了空缺的位置。

▛ **举例**

```html
<!DOCTYPE html>
<html>
```

```
<head>
    <meta charset="utf-8" />
    <title></title>
    <style type="text/css">
        #wrapper
        {
            width: 400px;
            height: 200px;
            border: 1px solid gray;
            padding: 10px;
        }
        img {float: left;}
    </style>
</head>
<body>
    <div id="wrapper">
        <img src="img/ailianshuo.png" alt="" />
        <div id="content">水陆草木之花，可爱者甚蕃。晋陶渊明独爱菊。自李唐来，世人甚爱牡丹。予独爱
莲之出淤泥而不染，濯清涟而不妖，中通外直，不蔓不枝，香远益清，亭亭净植，可远观而不可亵玩焉。予谓菊，花之隐逸者也；
牡丹，花之富贵者也；莲，花之君子者也。噫！菊之爱，陶后鲜有闻；莲之爱，同予者何人？牡丹之爱，宜乎众矣。</div>
    </div>
</body>
</html>
```

预览效果如图 7-8 所示。

图 7-8　浮动实现文字环绕

▌ 分析

img 元素设置了浮动，后面的 div 元素会紧跟着填上了父元素的空缺位置。

7.3　浮动的影响

这一节主要给大家介绍设置元素浮动所带来的影响，以便让大家从中更加深刻地理解浮动。

- ▶ 对自身的影响。
- ▶ 对父元素的影响。

▶ 对兄弟元素的影响。

▶ 对子元素的影响。

7.3.1 对自身的影响

如果一个元素设置了浮动，则不管这个元素是什么类型，都会转化为块元素，也就是此时 display 属性的取值为 block。

▼ 举例

```html
<!DOCTYPE html>
<html>
<head>
    <meta charset="utf-8" />
    <title></title>
    <style type="text/css">
        strong
        {
            float:left;
            width:120px;
            height:60px;
            line-height:60px;
            border:1px solid gray;
            text-align:center;
        }
    </style>
</head>
<body>
    <strong>绿叶学习网</strong>
</body>
</html>
```

预览效果如图 7-9 所示。

绿叶学习网

图 7-9　浮动对自身的影响

▼ 分析

strong 元素是 inline 元素，但是在设置了浮动之后变成了 block 元素，并且可以设置 width、height、padding 和 margin。

7.3.2 对父元素的影响

如果一个元素设置了浮动，那么它会脱离正常文档流。如果浮动元素的 height 大于父元素的高度 height，或者父元素没有定义高度 height，此时浮动元素会脱离父元素。这就是我们常见的"父元素高度塌陷"。

造成父元素高度塌陷的原因在于，父元素的高度小于子元素的高度或者父元素没有定义高度，父元素不能把子元素包裹起来。说白了，就是"老爸管不住儿子，因此儿子离家出走了"。

▼ 举例

```
<!DOCTYPE html>
<html>
<head>
    <meta charset="utf-8" />
    <title></title>
    <style type="text/css">
        #father
        {
            width:300px;
            border: 1px solid black;
        }
        #first,#second
        {
            width:100px;
            height:50px;
            border:1px solid red;
        }
        #first{float:left;}
        #second{float:right;}
    </style>
</head>
<body>
    <div id="father">
        <div id="first"></div>
        <div id="second"></div>
    </div>
</body>
</html>
```

预览效果如图 7-10 所示。

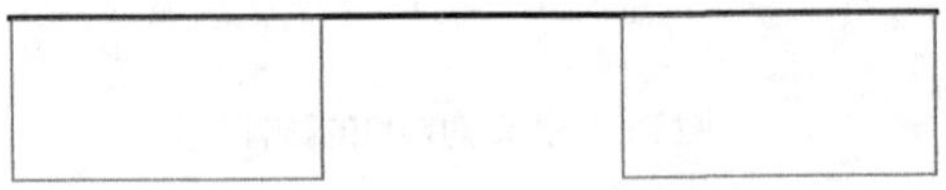

图 7-10 浮动对父元素的影响

▼ 分析

在这个例子中，由于父元素没有定义高度，因此父元素无法把子元素包裹起来，这样就会造成父元素高度塌陷。

如果我们为父元素定义高度，但是这个高度小于子元素高度（例如 height:30px），预览效果会如图 7-11 所示。此时我们会发现，父元素还是无法把子元素包裹起来，仍然存在父元素高度塌陷问题。

图 7-11　父元素高度小于子元素高度

如果我们为父元素定义高度，但是这个高度大于子元素高度（例如 height:80px），预览效果会如图 7-12 所示。此时我们会发现，父元素已经把子元素包裹起来了，因此不会有父元素高度塌陷问题。

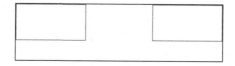

图 7-12　父元素高度大于子元素高度

7.3.3　对兄弟元素的影响

1. 兄弟元素是浮动元素

当一个元素是浮动元素，并且它的兄弟元素也是浮动元素时，我们分两种情况来探讨：同一方向的兄弟元素、相反方向的兄弟元素。

▶ **同一方向的兄弟元素。**

当一个浮动元素碰到同一个方向的兄弟元素时，这些元素会从左到右、从上到下，一个接着一个紧挨着排列。

▌ **举例**

```html
<!DOCTYPE html>
<html>
<head>
    <meta charset="utf-8" />
    <title></title>
    <style type="text/css">
        #father
        {
            width:300px;
            height:30px;
            border: 1px solid black;
        }
        #first, #second
        {
            float:left;
            width:80px;
            height:80px;
            border:1px solid gray;
            margin-top:10px;
            margin-left:10px;
            margin-right:10px;
```

```
            background-color:#F1F1F1;
        }
    </style>
</head>
<body>
    <div id="father">
        <div id="first">1</div>
        <div id="second">2</div>
    </div>
</body>
</html>
```

预览效果如图 7-13 所示。

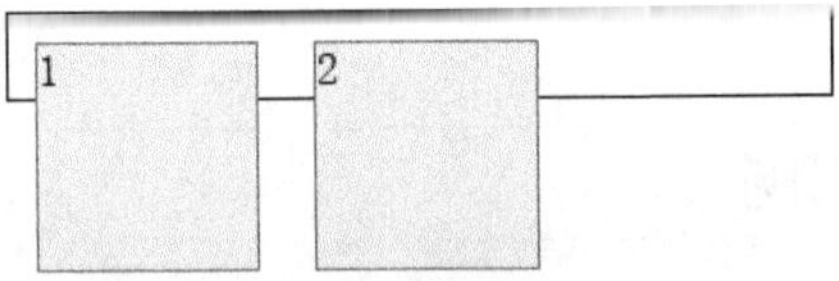

图 7-13 同一方向的兄弟元素（左浮动）

◤ 分析

当这两个 div 元素同时设置为右浮动时，也就是把 float:left; 改为 float:right;，此时预览效果如图 7-14 所示。

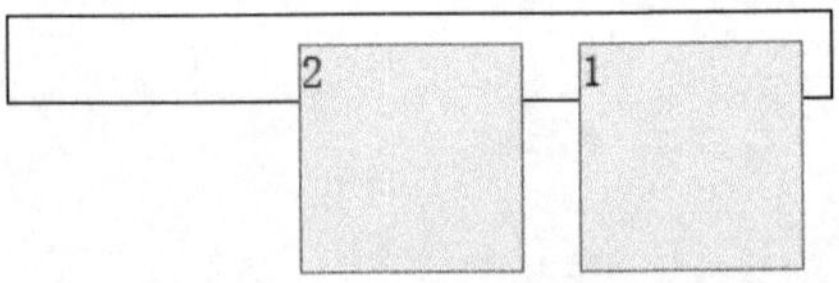

图 7-14 同一方向的兄弟元素（右浮动）

- **相反方向的兄弟元素。**

当一个浮动元素碰到相反方向的兄弟元素时，这两个元素会移向两边（如果父元素的宽度足够的话）。

◤ 举例

```
<!DOCTYPE html>
<html>
<head>
    <meta charset="utf-8" />
    <title></title>
    <style type="text/css">
        #father
        {
            width:300px;
            height:30px;
            border: 1px solid black;
        }
```

```
        #first, #second
        {
            width:80px;
            height:80px;
            border:1px solid gray;
            margin-top:10px;
            margin-left:10px;
            margin-right:10px;
            background-color:#F1F1F1;
        }
        #first{float:left;}
        #second{float:right;}
    </style>
</head>
<body>
    <div id="father">
        <div id="first">1</div>
        <div id="second">2</div>
    </div>
</body>
</html>
```

预览效果如图 7-15 所示。

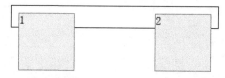

图 7-15 相反方向的兄弟元素

2. 兄弟元素不是浮动元素

▼ 举例

```
<!DOCTYPE html>
<html>
<head>
    <meta charset="utf-8" />
    <title></title>
    <style type="text/css">
        #father
        {
            width:200px;
            height:150px;
            border:1px solid red;
        }
        /*第1个div设置浮动*/
        #first
        {
            width:80px;
```

```
            height:80px;
            border:1px solid gray;
            float:left;
            background-color:#F4F6F4;
        }
        /*第2、3个div没有设置浮动*/
        #second,#third
        {
            width:100px;
            height:30px;
            border:1px solid gray;
        }
    </style>
</head>
<body>
    <div id="father">
        <div id="first">1</div>
        <div id="second">2</div>
        <div id="third">3</div>
    </div>
</body>
</html>
```

预览效果如图 7-16 所示。

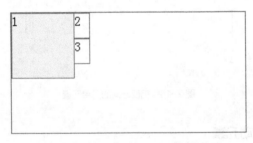

图 7-16 兄弟元素没有设置浮动时的效果

▶ 分析

在这个例子中，第 1 个 div 设置了浮动，第 2 个、第 3 个 div 没有设置浮动。从预览效果可以看出，第 1 个 div 脱离了文档流，并且覆盖了第 2 个、第 3 个 div。

当我们为第 2 个、第 3 个 div 设置浮动（float:left）之后，预览效果如图 7-17 所示。此时可以看出，第 1 个 div 不再覆盖第 2 个、第 3 个 div。

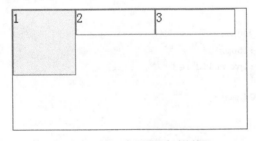

图 7-17 兄弟元素设置浮动时的效果

从前面这个例子可以看出，浮动对布局的影响很大。因此在实际开发中，我们使用了浮动之后，应尽量清除浮动，不然会导致预想不到的后果。

7.3.4 对子元素的影响

从"7.3.2 对父元素的影响"中我们知道，如果父元素没有定义 height，浮动元素会脱离父元素，造成父元素高度塌陷。但是当父元素同时也是一个浮动元素的时候，这个父元素会自适应地包含该子元素。

也就是说，如果一个元素是浮动元素（没有定义 height），并且它的子元素也是浮动元素，则这个浮动元素会自适应地包含该子元素。

▌ 举例

```html
<!DOCTYPE html>
<html>
<head>
    <meta charset="utf-8" />
    <title></title>
    <style type="text/css">
        #father
        {
            width:300px;
            border: 1px solid black;
        }
        #first,#second
        {
            width:100px;
            height:50px;
            border:1px solid red;
        }
        #first{float:left;}
        #second{float:right;}
    </style>
</head>
<body>
    <div id="father">
        <div id="first"></div>
        <div id="second"></div>
    </div>
</body>
</html>
```

预览效果如图 7-18 所示。

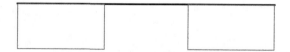

图 7-18　父元素没有设置浮动

在这个例子中，如果我们给父元素定义 float:left 或者 float:right，预览效果如图 7-19 所示。

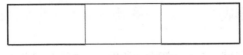

图 7-19　父元素设置浮动

7.4　浮动的副作用

浮动可以让我们灵活地布局，但是也会带来一定的副作用。浮动带来的最常见的副作用有两个。

▶ 父元素高度塌陷，从而导致边框不能撑开，背景色无法显示。

▶ 页面布局错乱。

▶ 举例

```html
<!DOCTYPE html>
<html>
<head>
    <meta charset="utf-8" />
    <title></title>
    <style type="text/css">
        #father
        {
            width:300px;
            border:1px solid black;
            background-color:lightskyblue;
        }
        #first,#second
        {
            width:100px;
            height:50px;
            border:1px solid red;
        }
        #first{float:left;}
        #second{float:right;}
    </style>
</head>
<body>
    <div id="father">
        <div id="first"></div>
        <div id="second"></div>
    </div>
</body>
</html>
```

预览效果如图 7-20 所示。

图 7-20　浮动的副作用

▌ 分析

在这个例子中，由于父元素没有定义高度（height），因此父元素无法把子元素包裹起来，这样就会造成父元素高度塌陷，从而导致父元素边框不能撑开，并且背景色无法显示。当我们为父元素添加 overflow:hidden; 来清除浮动之后，边框能够撑开了，并且背景色也能显示出来，预览效果如图 7-21 所示。

图 7-21　清除浮动后的效果

▌ 举例

```
<!DOCTYPE html>
<html>
<head>
    <meta charset="utf-8" />
    <title></title>
    <style type="text/css">
        #father
        {
            width:200px;
            height:150px;
            border:1px solid red;
        }
        /*第1个div设置浮动*/
        #first
        {
            width:80px;
            height:80px;
            border:1px solid gray;
            float:left;
            background-color:#F4F6F4;

        }
        /*第2、3个div没有设置浮动*/
        #second,#third
        {
            width:100px;
            height:30px;
            border:1px solid gray;
        }
    </style>
```

```
</head>
<body>
    <div id="father">
        <div id="first">1</div>
        <div id="second">2</div>
        <div id="third">3</div>
    </div>
</body>
</html>
```

预览效果如图 7-22 所示。

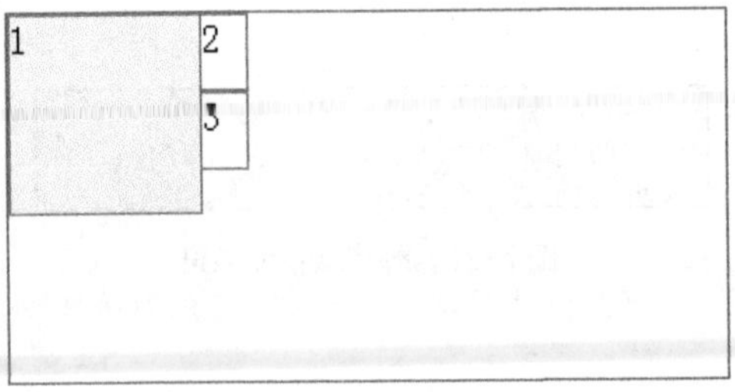

图7-22 浮动引起的布局错乱

分析

在这个例子中，第 1 个 div 设置了浮动，第 2 个、第 3 个 div 没有设置浮动。此时可以看出，第 1 个 div 脱离了文档流，并且覆盖了第 2 个、第 3 个 div，引起了布局的错乱。

给大家一个很实用的建议：在实际开发的过程中，如果我们写了某段 CSS 之后，页面布局发生了严重的错乱，我们应该首先想到的是浮动带来的副作用，然后认真检查一下是否已经清除了浮动。

7.5 清除浮动

清除浮动，其实就是清除元素被定义浮动之后带来的脱离文档流的影响。我们知道，浮动可以使元素移到左边或者右边，然后后面的文字或元素会环绕着这个浮动元素。如果我们不想浮动元素后面的元素环绕着它，希望后面的元素回归到正常文档流中去，这个时候我们可以清除浮动。

在 CSS 中，清除浮动的常见方法有 3 种。

- clear:both。
- overflow:hidden。
- ::after 伪元素。

7.5.1 clear:both

在 CSS 中，我们可以使用 clear 属性来清除浮动。clear 属性取值有 3 种：left、right 和 both。一般情况下，我们使用 clear:both 来清除所有浮动，这样比使用 clear:left 或 clear:right 更省事。

这里要注意一点，clear 属性不是应用于浮动元素本身，而是应用于浮动元素后面的元素。

▌ **举例**

```
<!DOCTYPE html>
<html>
<head>
    <meta charset="utf-8" />
    <title></title>
    <style type="text/css">
        #father
        {
            width:300px;
            border: 1px solid black;
        }
        #first,#second
        {
            width:100px;
            height:50px;
            border:1px solid red;
        }
        #first{float:left;}
        #second{float:right;}
        /*关键代码，清除浮动*/
        .clear{clear:both;}
    </style>
</head>
<body>
    <div id="father">
        <div id="first"></div>
        <div id="second"></div>
        <div class="clear"></div>
    </div>
</body>
</html>
```

预览效果如图 7-23 所示。

图 7-23　clear:both 清除浮动

▌ **分析**

使用 clear:both 来清除浮动，往往会多添加一个 div 标签。这个 div 标签仅仅是为了清除浮动而添加的，没有任何其他意义。

使用 clear:both 来清除浮动是很多"新手"的做法，这种方法并不太好，因为它会增加多余的标签，还会破坏 HTML 代码的语义。如果页面要清除多次浮动，就会无缘无故添加很多多余的 div 标签。

7.5.2　overflow:hidden

在 CSS 中，我们可以使用 overflow:hidden 来清除浮动。这里要注意一点，overflow:hidden 应用于浮动元素的父元素，而不是当前的浮动元素。

▌举例

```
<!DOCTYPE html>
<html>
<head>
    <meta charset="utf-8" />
    <title></title>
    <style type="text/css">
        #father
        {
            overflow:hidden;          /*关键代码，清除浮动*/
            width:300px;
            border:1px solid black;
        }
        #first,#second
        {
            width:100px;
            height:50px;
            border:1px solid red;
        }
        #first{float:left;}
        #second{float:right;}
    </style>
</head>
<body>
    <div id="father">
        <div id="first"></div>
        <div id="second"></div>
    </div>
</body>
</html>
```

预览效果如图 7-24 所示。

图 7-24　overflow:hidden 清除浮动

▌分析

使用 overflow:hidden 相对于使用 clear:both 来说，可以避免添加多余的标签，并且还不会破坏 HTML 的语义结构。但是 overflow:hidden 其实是个"小炸弹",它会隐藏超出父元素的内容部分,有时候这并不是我们预期的效果。

7.5.3　::after 伪元素

使用 clear:both 和 overflow:hidden 来清除浮动都有明显的弊端。在实际开发中,最好的解决方案是使用 ::after 伪元素结合 clear:both 来清除浮动。

▉ **语法**

```
.clearfix{*zoom:1;}
.clearfix::after
{
    clear:both;
    content:"";
    display:block;
    height:0;
    visibility:hidden;
}
```

▉ **说明**

对于使用 ::after 伪元素结合 clear:both 来清除浮动,我们推荐把这个样式定义成一个公共的 class,这个 class 一般取名为".clearfix"然后对这个类进行全局引用,这样可以减少重复的 CSS 代码。

其中 ::after 是伪元素,在 CSS3 动画效果中使用得比较多。::before 和 ::after 都是常用的伪元素,建议大家自行了解,此处不展开介绍。*zoom:1; 用于解决 IE6、IE7 的浮动问题。

▉ **举例**

```
<!DOCTYPE html>
<html>
<head>
    <meta charset="utf-8" />
    <title></title>
    <style type="text/css">
        .clearfix{*zoom:1;}
        .clearfix::after
        {
            clear:both;
            content:"";
            display:block;
            height:0;
            visibility:hidden;
        }
        #father
        {
            width:300px;
            border:1px solid black;
        }
```

```
            #first,#second
            {
                width:80px;
                height:40px;
                border:1px solid red;
            }
            #first{float:left;}
            #second{float:right;}
        </style>
</head>
<body>
    <div id="father" class="clearfix">
        <div id="first"></div>
        <div id="second"></div>
    </div>
</body>
</html>
```

预览效果如图 7-25 所示。

图 7-25　::after 伪元素清除浮动

▌ 分析

使用 clear:both 清除浮动会增加多余的标签，使用 overflow:hidden 清除浮动会使超出父元素的部分被隐藏。使用 ::after 伪元素来清除浮动，则不会有这些缺点。在实际开发中，我们也更倾向于使用这种方法。

浮动涉及的理论知识非常多，其中包括块元素和行内元素、CSS 盒子模型、脱离文档流、BFC、层叠上下文。建议大家结合"12.3 层叠上下文（stacking context）"和"12.4 BFC 和 IFC"介绍的知识进行学习，这样才会对浮动有更深刻的理解。

第8章

定位布局

8.1 深入定位

浮动和定位是 CSS 的两大布局方式。浮动布局比较灵活，但不容易控制。定位布局虽然缺乏灵活性，但是却可以让用户对页面中的元素进行精准定位。在 CSS 中，定位布局共有 4 种方式。

- ▶ 固定定位（fixed）。
- ▶ 相对定位（relative）。
- ▶ 绝对定位（absolute）。
- ▶ 静态定位（static）。

对于定位布局，我们需要注意以下几点。

- ▶ 默认情况下，固定定位元素和绝对定位元素的位置是相对于浏览器（body 元素）而言的，而相对定位元素的位置是相对于原始位置而言的。这里要注意一个前提——默认情况下。
- ▶ position 属性一般配合 top、bottom、left 和 right 来使用。元素只有在定义 position 属性（除了 static）之后，top、bottom、left 和 right 才生效。
- ▶ top、bottom、left 和 right 这 4 个属性不一定全部都会用到，一般只会用到其中两个。
- ▶ position:absolute 会将元素转换为 block 元素。

8.1.1 子元素相对父元素定位

在入门阶段，我们都知道定位往往是相对于浏览器或者原始位置而言的。但是在实际开发中，我们经常要实现的是子元素相对父元素定位，那具体该怎么办呢？

▼ 语法

```
父元素{position:relative;}
子元素
{
```

```
    position:absolute;
    /*定义top、bottom、left和right*/
}
```

说明

想要实现子元素相对父元素定位，我们先给父元素定义 position:relative，然后给子元素定义 position:absolute，之后配合 top、bottom、left 和 right 来定位。这个技巧在实际开发中会大量用到，也是定位布局的精髓之一，大家一定要重点掌握。

举例

```
<!DOCTYPE html>
<html>
<head>
    <meta charset="utf-8" />
    <title></title>
    <style type="text/css">
        .father
        {
            position:relative;
            width:160px;
            height:20px;
            background-color:lightskyblue;
        }
        .son
        {
            position:absolute;
            bottom:-20px;
            left:70px;
            width:20px;
            height:20px;
            background-color:hotpink;
        }
    </style>
</head>
<body>
    <div class="father">
        <span class="son"></span>
    </div>
</body>
</html>
```

预览效果如图 8-1 所示。

图 8-1 子元素相对父元素定位

分析

使用上面这个技巧，我们可以随心所欲地把子元素相对父元素来定位。在这里我们要注意一点，子元素没有使用 display:inline-block，但是却可以定义 width 和 height，这是为什么呢？其实这是因为 position:absolute 会将元素转换为 block 元素。这个也是绝对定位非常重要的一个特点。

浮动和定位都会将元素转换为 block 元素，我们一定要记住这一点。接下来，我们再来看一个复杂的例子。

举例

```
<!DOCTYPE html>
<html>
<head>
    <meta charset="utf-8" />
    <title></title>
    <style type="text/css">
        .father
        {
            position:relative;
            width:160px;
            height:20px;
            float:left;
            margin-left:20px;
            background-color:lightskyblue;
        }
        .son
        {
            position:absolute;
            bottom:-20px;
            left:70px;
            width:20px;
            height:20px;
            background-color:hotpink;
        }
    </style>
</head>
<body>
    <div class="father">
        <span class="son"></span>
    </div>
    <div class="father">
        <span class="son"></span>
    </div>
    <div class="father">
        <span class="son"></span>
    </div>
</body>
</html>
```

预览效果如图 8-2 所示。

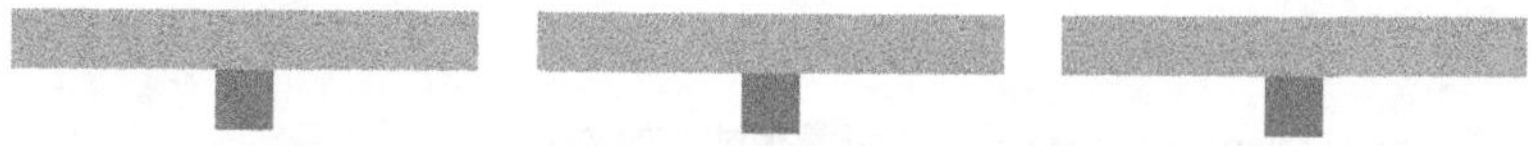

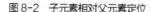

图 8-2 子元素相对父元素定位

▌ **分析**

子元素相对父元素定位用途非常多，例如二级导航、微调元素位置等。像绿叶学习网底部友情链接的图形效果，其实也是使用子元素相对父元素定位来实现的，如图 8-3 所示。

图 8-3　绿叶学习网中的绝对定位

8.1.2　子元素相对祖先元素定位

前面的两个例子都是子元素相对父元素来定位的，但想要实现子元素相对祖先元素（例如爷元素）定位，这个时候又该怎么做呢？

▌ **语法**

```
祖先元素{position:relative;}
子元素
{
    position:absolute;
     /*定义top、bottom、left和right*/
}
```

▌ **说明**

想要实现子元素相对祖先元素定位，我们都是给祖先元素定义 position:relative，然后给后代元素定义 position:absolute，之后配合 top、bottom、left 和 right 来定位。其实这个跟子元素相对父元素定位是一样的道理。

▌ **举例**

```
<!DOCTYPE html>
<html>
<head>
    <meta charset="utf-8" />
    <title></title>
    <style type="text/css">
        .grandfather
        {
            position:relative;    /*设置相对定位*/
            width:200px;
            height:160px;
            background-color:lightskyblue;
        }
        .father
        {
            position:relative;    /*设置相对定位*/
            width:120px;
```

```
                    height:30px;
                    background-color:orange;
            }
            .son
            {
                    position:absolute;   /*设置绝对定位*/
                    bottom:-20px;
                    right:50px;
                    width:20px;
                    height:20px;
                    background-color:hotpink;
            }
        </style>
</head>
<body>
        <div class="grandfather">
            <div class="father">
                <div class="son"></div>
            </div>
        </div>
</body>
</html>
```

预览效果如图 8-4 所示。

图 8-4　实际效果图

▌ 分析

小伙伴们可能就有疑问了："奇怪了，为什么这里的子元素不是相对祖父元素来进行定位的，而是相对父元素来进行定位呢？预期的效果应该如图 8-5 所示才对啊！"

图 8-5　预期效果图

这是因为虽然祖父元素定义了 position:relative，但是父元素也定义了 position:relative，因此子元素依旧是相对于父元素来定位的。我们在 CSS 中删除父元素 position:relative 这条属性之后，就可以发现子元素会相对于祖父元素来定位了。

绝对定位元素是相对于外层第一个设置了 position:relative、position:absolute 或 position:fixed 的祖先元素来进行定位的。这个规律极其重要，请大家好好琢磨这句话。

此外，关于定位布局的基本语法就不在本书详细展开了，具体内容请查看本系列图书中的入门书《从 0 到 1：HTML+CSS 快速上手》一书中的相关章节。

8.2　z-index 属性

大多数小伙伴都会以为网页是平面的，实际上它是三维结构的。对于一个页面来说，它除了 x 轴、y 轴，还有 z 轴。其中，z 轴往往都是用来设定层的先后顺序的。

在 CSS 中，我们可以使用 z-index 属性来定义 z 轴的大小，从而控制元素的堆叠顺序。也就是说，我们可以使用 z-index 属性将一个元素放置于另外一个元素的上面或下面，如图 8-6 和图 8-7 所示。

默认情况下，元素的 z-index 属性处于不激活状态。也就是说，默认情况下，设置元素的 z-index 属性无效。z-index 属性只有在元素定义 position:relative、position:absolute 或者 position:fixed 后才会被激活。当然，对于 position:fixed 的 z-index，也没有谁会注意，我们直接忽略即可。

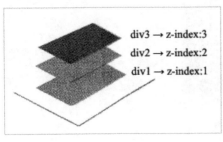

图 8-6　z-index 原理图（1）

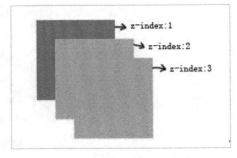

图 8-7　z-index 原理图（2）

▼ 语法

z-index: 取值；

▼ 说明

z-index 属性常见取值有两个，如表 8-1 所示。

表 8-1　z-index 属性取值

属性值	说明
auto	堆叠顺序与父元素相等（默认值）
number	可以为负整数、0 以及正整数

W3C 标准中对 z-index 属性是这样定义的："z-index 属性用于设置元素的堆叠顺序，拥有

更高堆叠顺序的元素总是会处于堆叠顺序较低的元素的前面。该属性设置一个定位元素沿 z 轴的位置，z 轴定义为垂直延伸到显示区的轴。如果为正数，则离用户更近；如果为负数，则表示离用户更远。"

默认情况下，元素 z-index 属性值为 auto。z-index 值为正数的元素在 z-index 值为 0 的元素的上面，z-index 值为负数的元素在 z-index 值为 0 的元素的下面。无论是正数，还是负数，z-index 值较大的元素会叠加在 z-index 值较小的元素之上，如图 8-8 所示。如果 z-index 值相同，则遵循"后来者居上"原则来叠加。

此外要记住一点，如果元素没有指定 position 属性值（除了 static），则 z-index 属性无效。

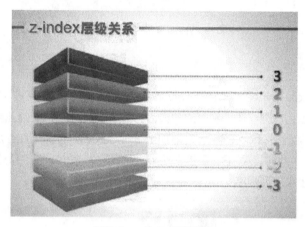

图 8-8　z-index 层级关系

▚ 举例

```html
<!DOCTYPE html>
<html>
<head>
    <meta charset="utf-8" />
    <title></title>
    <style type="text/css">
        div
        {
            position:absolute;
            width:100px;
            height:100px;
            font-size:50px;
        }
        #A{background-color:hotpink;top:10px;left:10px;}
        #B{background-color:orange;top:40px;left:40px;}
        #C{background-color:lightskyblue;top:70px;left:70px;}
    </style>
</head>
<body>
    <div id="A">A</div>
    <div id="B">B</div>
    <div id="C">C</div>
</body>
</html>
```

预览效果如图 8-9 所示。

图 8-9　没有设置 z-index 时的效果

▉ 分析

在这个例子中，\<div id="A"\>A\</div\>\<div id="B"\>B\</div\>\<div id="C"\>C\</div\> 在 HTML 文档中从上到下显示，因此在浏览器中看到的效果为：A 容器在最下面，B 容器在中间，C 容器在最上面。假如给 A 容器加上 z-index:3，B 容器加上 z-index:2，C 容器加上 z-index:1，预览效果会变成如图 8-10 所示。此时，A、B、C 这 3 个 div 元素的 z-index 属性值分别是 3、2、1，它们会根据 z-index 值大小来排列顺序。

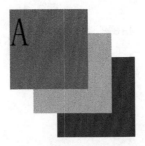

图 8-10　设置 z-index 时的效果

这一节只是简单介绍了 z-index 属性的基本语法。其实 z-index 属性涉及的东西很多，例如层叠上下文。对于层叠上下文，我们在第 12 章中再详细介绍。

第9章

CSS 图形

9.1　CSS 图形简介

在浏览网页的过程中，我们经常可以看到各种图形效果，比如三角形、圆角、圆等，如图 9-1、图 9-2 和图 9-3 所示。

图 9-1　网页中的三角形

图 9-2　网页中的圆角

图 9-3　网页中的圆

对于这些图形效果，小伙伴们很多时候想到的是用图片来实现。但是在前端开发中，为了保证页面的性能速度，我们都会遵循"少用图片"原则。因为用图片实现的方式有以下两个明显的缺点。

▶ 图片体积比较大，数据传输量大。

▶ 一张图片会引发一次 HTTP 请求。

这两个方面都会影响页面加载速度，并且增加服务器负担。试想一下，作为用户，如果打开一个网页需要花很长时间，你会有怎样的心情？

在实际开发中，对于这些图形效果，我们更倾向于使用 CSS 而非图片来实现。在这一章里，我们主要介绍以下 3 种图形的 CSS 实现方式。

▶ 三角形。

▶ 圆角与圆。

▶ 椭圆。

上面这 3 种图形的实现在 CSS 中是最常见的。除了这些图形，像多边形等图形就比较少见到，因此在这一章就不展开介绍了。不过使用 CSS 可以实现各种多边形的图形，例如梯形、五角星、钻石等，还是挺有趣的，大家可以自行搜索了解一下。

　　CSS 实现的图形一般适合于展示，并不适合用于 JavaScript 动态操作。如果想要实现便于 JavaScript 操作的图形，大家可以去学习 HTML5 Canvas 的内容。Canvas 可以实现各种酷炫的动态图形效果，例如粒子碰撞、动感圆圈等，如图 9-4 所示。

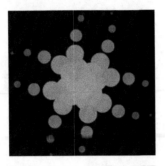

图 9-4　Canvas 实现的动感圆圈

9.2　三角形

　　三角形在很多地方都能见到，如下拉菜单、表单注册、用户消息等，如图 9-5、图 9-6、图 9-7 所示。下面这些三角形，都是使用 CSS 而并非图片来实现的。没想到吧，CSS 还可以实现三角形！大家是不是觉得很神奇呢？

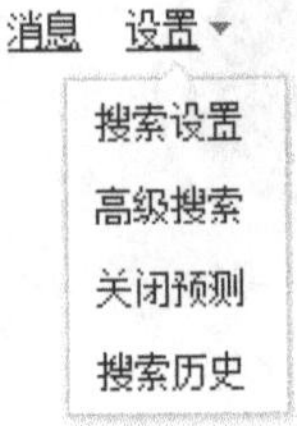

图 9-5　下拉菜单中的三角形 　　　　　　　图 9-6　表单注册中的三角形

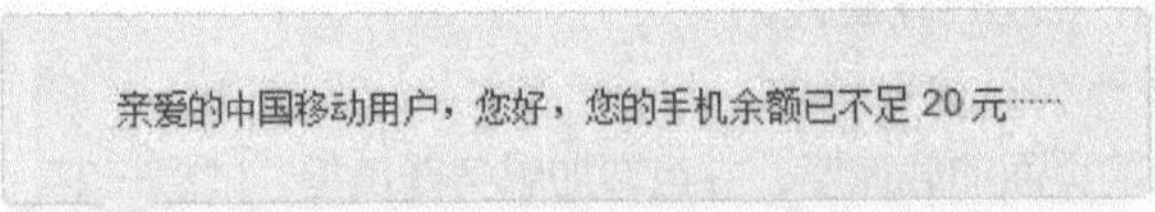

图 9-7　用户消息中的三角形

9.2.1　CSS 实现三角形的原理

　　在 CSS 盒子模型中，当一个盒子的两条边在边角处相交时，浏览器会在交点处按照某个角度（如果盒子为正方形，则为顺时针 45°、135°、225°、315°）绘制一条接合线。我们先来看一个例子，这样更容易理解。

▰ **举例**

```
<!DOCTYPE html>
<html>
<head>
    <meta charset="utf-8" />
    <title></title>
    <style type="text/css">
        div
        {
            width:50px;
            height:50px;
            border-width:30px;
            border-style:solid;
            border-color:red green blue orange;
        }
    </style>
</head>
<body>
    <div></div>
</body>
</html>
```

预览效果如图 9-8 所示。

图 9-8　width 和 height 不为 0 的效果

▰ **分析**

在这个例子中，我们为每一条边框定义不同的颜色（border-color），并且设置足够大的宽度（border-width），就可以很明显地看出两条边相交时的效果。如果我们把盒子的宽度（width）和高度（height）都定义为 0 时，会得出如图 9-9 所示的效果。

图 9-9　width 和 height 都为 0 的效果

我们都知道，border-color 属性包含 4 个值，分别对应上、右、下、左 4 条边的颜色，呈顺时针排列。如果将右、下、左这 3 条边的颜色改为 transparent（透明），将会发生什么呢？代码修改如下。修改后会呈现一个指向下方的三角形，如图 9-10 所示。

```
<style type="text/css">
    div
    {
        width:0;
        height:0;
        border-width:30px;
        border-style:solid;
        border-color:red transparent transparent transparent;
    }
</style>
```

图 9-10　右、下、左这 3 条边颜色改为 transparent 的效果

当然，我们也可以将下边和左边的颜色改为 transparent，这时会实现一个指向右上方的三角形，如图 9-11 所示。

```
<style type="text/css">
    div
    {
        width:0;
        height:0;
        border-width:30px;
        border-style:solid;
        border-color:red red transparent transparent;
    }
</style>
```

图 9-11　下边和左边颜色改为 transparent 的效果

由此可知使用 CSS 来实现三角形的原理：将一个元素的 width 和 height 定义为 0，然后为它设置较粗的边框，并且将其中任意三条边框或者两条边框的颜色定义为 transparent。

注意，上面例子中所有边框的 border-width 都是相同的，我们可以通过给边框定义不同的 border-width 来改变三角形的形状。使用 CSS 实现三角形的原理都是相同的。小伙伴们可以思考一下图 9-12 所示的这些三角形是如何实现的，自己动手实现一下。

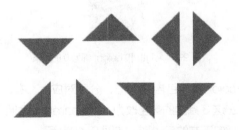

图 9-12　CSS 实现的三角形效果

9.2.2　带边框的三角形

在实际开发中，我们经常要实现如图 9-13 所示的带边框的三角形。由于三角形本身就是 border，因此我们不可能通过给 border 添加 border 属性来实现。

图 9-13　带边框的三角形

对于这种带边框的三角形，我们一般使用两个三角形来实现。一个作为背景色（内层三角形），一个作为边框色（外层三角形），然后通过定位布局重叠在一起。注意，两个三角形定位要相差 1px。一般情况下，都是用内层三角形相对于外层三角形进行定位，偏移 1px。

在实现带边框的三角形原理中，有一个绝对定位的问题是一定不可忽视的：上、右、下、左 4 个方向的三角形相对于父元素的定位是不同的。必须把这个问题搞清楚，我们才能深刻理解带边框的三角形的实现原理。

▌ 举例

```
<!DOCTYPE html>
<html>
<head>
    <meta charset="utf-8" />
    <title></title>
    <style type="text/css">
        /*外层三角形*/
        #triangle
        {
            position:relative;       /*设置position:relative，使子元素可以相对父元素进行定位*/
            width:0;
            height:0;
            border-width:30px;       /*注意外层三角形高为30px*/
            border-style:solid;
            border-color:transparent transparent black transparent;
        }
        /*内层三角形*/
        #triangle div
        {
            position:absolute;
            top:1px;
            left:0;
            width:0;
            height:0;
            border-width:29px;       /*注意内层三角形边高为29px*/
            border-style:solid;
            border-color:transparent transparent #BBFFEE transparent;
```

```
        }
    </style>
</head>
<body>
    <div id="triangle">
        <div></div>
    </div>
</body>
</html>
```

预览效果如图 9-14 所示。

图 9-14　带边框三角形的实际效果

▌ 分析

外层三角形高为 30px，内层三角形高为 29px。按道理说，如果内层三角形 top 定义为 1px（向下移动 1px），left 定义为 0 时，预览效果应该如图 9-15 所示才对啊，为什么跟预期效果不一样呢？

图 9-15　带边框三角形的预期效果

其实在 CSS 中，子元素的绝对定位是根据父元素的"内容边界（content）"进行定位的。也就是说，"内层三角形对应的盒子"的绝对定位是根据"外层三角形对应的盒子"的内容边界（content）来进行的，而不是根据我们肉眼所看到的三角形的边界来进行的。由于盒子的 width 和 height 都是 0，因此 content 是在盒子的中心（也就是中心点）。

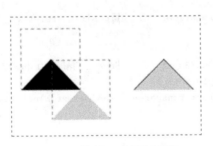

图 9-16　带边框三角形的分析图

如果想要实现图 9-16 的效果，top 应该为 −28px，left 应该为 −29px。对于上面提及的绝对定位的原理，我们多结合盒子模型就很容易理解了。

▌ 举例

```
<!DOCTYPE html>
<html>
<head>
```

```
        <meta charset="utf-8" />
        <title></title>
        <style type="text/css">
            #wrapper
            {
                display:inline-block;
                position:relative;
                padding:20px 30px;
                margin-top:100px;
                border:1px solid gray;
                border-radius:10px;/*添加圆角效果*/
                font-size:14px;
                font-weight:bold;
                text-align:center;
                background-color:#BBFFEE;
            }
            /*外层三角形*/
            #triangle
            {
                position:absolute;
                top:-30px;
                /*left:50%和margin-left:-15px是为了实现三角形的水平居中*/
                left:50%;
                margin-left:-15px;
                width:0;
                height:0;
                border-width:15px;
                border-style:solid;
                border-color:transparent transparent black transparent;
            }
            /*内层三角形*/
            #triangle div
            {
                position:absolute;
                top:-13px;
                left:-14px;
                width:0;
                height:0;
                border-width:14px;
                border-style:solid;
                border-color:transparent transparent #BBFFEE transparent;
            }
        </style>
    </head>
<body>
    <div id="wrapper">
        <div id="triangle"><div></div></div>
        欢迎来到绿叶学习网
    </div>
</body>
</html>
```

预览效果如图 9-17 所示。

图 9-17 带边框三角形的应用效果

◤ 分析

上面例子的 CSS 代码有点多，但是核心代码只有那么一点点。要想实现对话气泡效果，我们需要进行两次定位：一次是将外层三角形和内层三角形作为一个整体相对于容器进行定位；另外一次是将内层三角形相对于外层三角形进行定位。

一般情况下，外层三角形 border-width 比内层三角形 border-width 大 1px。此外，内层三角形的 left 值一般都是其 border-width 的负数，top 值一般都是其 border-width 的负数加 1。例如在上面这个例子中，内层三角形 border-width 为 14px，则 left 应该定义为 -14px，top 应该定义为 -13px。

9.3 圆角与圆

在浏览网页时，我们经常可以看到各种圆角效果，如图 9-18 所示。从用户体验上来说，圆角效果更加美观大方。在 CSS2.1 中，为元素添加圆角效果是一件很让人头疼的事情，大多数情况下都是借助背景图片这种老办法来实现的。在前端开发中，我们都会遵循“少用图片”原则。能用 CSS 实现的效果，就尽量不要用图片。因为每一个图片都会引发一次 HTTP 请求，加上图片体积大，会极大地影响页面加载速度。

图 9-18 圆角效果

9.3.1 border-radius 实现圆角

1. border-radius 属性简介

在 CSS3 中，我们可以使用 border-radius 属性为元素添加圆角效果。

border-radius:取值;

▼ 说明

border-radius 属性取值是一个长度值，单位可以是 px、em 和百分比等。

▼ 举例

```html
<!DOCTYPE html>
<html>
<head>
    <meta charset="utf-8" />
    <title></title>
    <style type="text/css">
        div
        {
            width:200px;
            height:150px;
            border:1px solid gray;
            border-radius:20px;
        }
    </style>
</head>
<body>
    <div></div>
</body>
</html>
```

预览效果如图 9-19 所示。

图 9-19　圆角效果

▼ 分析

border-radius:20px; 指元素 4 个角的圆角半径都是 20px。

2. border-radius 属性值的 4 种写法

border-radius 属性跟 border、padding、margin 等属性相似，其属性值也有 4 种写法。

▶ border-radius 设置 1 个值。

例如，border-radius:10px; 表示 4 个角的圆角半径都是 10px，如图 9-20 所示。

图 9-20　border-radius 设置 1 个值

▶ border-radius 设置 2 个值。

例如，border-radius:10px 20px; 表示左上角和右下角的圆角半径都是 10px，右上角和左下角的圆角半径都是 20px，如图 9-21 所示。

图 9-21　border-radius 设置 2 个值

▶ border-radius 设置 3 个值。

例如，border-radius:10px 20px 30px; 表示左上角的圆角半径是 10px，左下角和右上角的圆角半径都是 20px，右下角的圆角半径是 30px，如图 9-22 所示。

图 9-22　border-radius 设置 3 个值

▶ border-radius 设置 4 个值。

例如，border-radius:10px 20px 30px 40px; 表示左上角、右上角、右下角和左下角的圆角半径依次是 10px、20px、30px、40px，如图 9-23 所示。

图 9-23　border-radius 设置 4 个值

这里的"左上角、右上角、右下角、左下角"，大家按照顺时针方向来记忆就好了。

▶ 举例

```html
<!DOCTYPE html>
<html>
<head>
    <meta charset="utf-8" />
    <title></title>
    <style type="text/css">
        div
        {
            width:200px;
            height:100px;
            border:1px solid red;
            border-radius:10px 20px 30px 40px;
            background-color:#FCE9B8;
        }
    </style>
</head>
<body>
    <div></div>
</body>
</html>
```

预览效果如图 9-24 所示。

图 9-24　border-radius 属性的实现效果

▶ 分析

大家可以自行在本地编辑器中为 border-radius 属性设置不同的值，然后查看实际效果。

在实际开发中，border-radius 属性一般都是设置一个值，使得 4 个圆角效果都一样。那么有必要把 4 个圆角都设计得不一样，设计得很花哨吗？当然有必要，图 9-25 中左上方的图形就是这么花哨。对于图 9-25，制作的关键是怎么实现左上方的圆形效果。

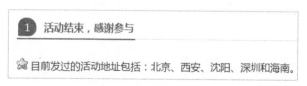

图 9-25　很有特色的圆形效果

▶ 举例

```html
<!DOCTYPE html>
```

```
<html>
<head>
    <meta charset="utf-8" />
    <title></title>
    <style type="text/css">
        div
        {
            width:50px;
            line-height:50px;
            border-radius:80% 90% 100% 20%;
            background-color:#E61588;
            font-size:30px;
            text-align:center;
            color:White;
        }
    </style>
</head>
<body>
    <div>6</div>
</body>
</html>
```

预览效果如图 9-26 所示。

图 9-26　实例效果

9.3.2　border-radius 实现半圆和圆

1. 半圆

半圆分为上半圆、下半圆、左半圆、右半圆。我们只要学会制作某一个方向的半圆，其他方向的半圆都可以轻松实现，因为原理是一样的。

假如我们要制作上半圆，实现原理是这样的：把高度 height 设为宽度 width 的一半，并且把左上角和右上角的圆角半径定义为与元素的高度一致，而右下角和左下角的圆角半径要定义为 0。

▌ 举例

```
<!DOCTYPE html>
<html>
<head>
    <meta charset="utf-8" />
    <title></title>
    <style type="text/css">
        div
        {
```

```
            width:100px;
            height:50px;
            border:1px solid red;
            border-radius:50px 50px 0 0;
            background-color:#FCE9B8;
        }
    </style>
</head>
<body>
    <div></div>
</body>
</html>
```

预览效果如图 9-27 所示。

图 9-27　半圆效果

▶ 分析

在这个例子中，border-radius 属性值等于圆角的半径。大家结合有关圆和矩形的数学知识，稍微想一想就知道上半圆如何实现了。

此外，请大家根据上面的原理，自行思考下半圆、左半圆以及右半圆如何实现。

2. 圆

在 CSS3 中，圆的实现原理是这样的：把元素的宽度和高度定义为相同值，然后把 4 个角的圆角半径定义为宽度（或高度）的一半。

▶ 举例

```
<!DOCTYPE html>
<html>
<head>
    <meta charset="utf-8" />
    <title></title>
    <style type="text/css">
        div
        {
            width:100px;
            height:100px;
            border:1px solid red;
            border-radius:50px;           /*或者:border-radius: 50%*/
            background-color:#FCE9B8;
        }
    </style>
</head>
<body>
```

```
    <div></div>
  </body>
</html>
```

预览效果如图 9-28 所示。

图 9-28　圆的效果

▌ 分析

在这个例子中，只要 width 和 height 属性值相同，border-radius 属性值为 width（或 height）的一半，就可以实现一个圆了。

border-radius 属性很强大，图 9-29 其实就是用 border-radius 结合其他 CSS 属性来实现的。很神奇吧？大家可以自己尝试制作一下（本书的配书资源中附有源代码）。

图 9-29　border-radius 实现卡通人物效果

9.3.3　border-radius 的派生子属性

border-radius 属性可以分开，并分别为 4 个角设置相应的圆角值，这 4 个角的属性如下。

▶ border-top-right-radius：右上角。

▶ border-bottom-right-radius：右下角。

▶ border-bottom-left-radius：左下角。

▶ border-top-left-radius：左上角。

9.4 椭圆

在 CSS 中，我们也是使用 border-radius 属性来实现椭圆的。

▼ **语法**

```
border-radius:x/y;
```

▼ **说明**

x 表示圆角的水平半径，y 表示圆角的垂直半径。从之前的学习中我们知道，border-radius 属性取值可以是一个值，也可以是两个值。

当 border-radius 属性取值为一个值时，例如 border-radius:30px 表示圆角的水平半径和垂直半径都为 30px，也就是说 border-radius:30px 等价于 border-radius:30px/30px，前者是后者的缩写，效果如图 9-30 所示。

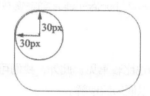

图 9-30 border-radius:30px 效果

当 border-radius 属性取值为两个值时，例如 border-radius:20px/40px，表示圆角的水平半径为 20px，垂直半径为 40px，效果如图 9-31 所示。

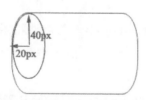

图 9-31 border-radius:20px/40px 效果

如果想要实现椭圆，原理如下：元素的宽度和高度不相等，把 4 个角的圆角水平半径定义为宽度的一半，垂直半径定义为高度的一半。

▼ **举例**

```
<!DOCTYPE html>
<html>
<head>
    <meta charset="utf-8" />
    <title></title>
    <style type="text/css">
        div
        {
            width:160px;
            height:100px;
```

```
            border:1px solid gray;
            border-radius:80px/50px;
        }
    </style>
</head>
<body>
    <div></div>
</body>
</html>
```

预览效果如图 9-32 所示。

图 9-32　border-radius 实现椭圆效果

▼ 分析

用 CSS 实现椭圆在实际开发中也比较常见。此外，我们可以尝试使用 border-radius 属性来实现图 9-33 所示的各种图形效果，以便加深理解。

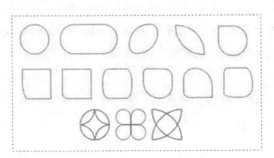

图 9-33　border-radius 实现各种图形效果

9.5　图标制作

三角形、圆角、椭圆和圆的实现，我们在前面几节中已经详细介绍过了。这几种图形在实际开发中的使用频率很高，我们一定要掌握。

除了这几种图形，我们还可以使用 CSS 来制作其他形状的图标，不过这些图标大多数都是借助 CSS3 属性来实现的。还没学过 CSS3 的小伙伴，建议跳过这一节，等学完 CSS3 之后再来看。这一节的内容不是特别重要，我们只是做一个归类，以便以后查询使用。

▼ 举例：梯形

```
<!DOCTYPE html>
<html>
```

```
<head>
    <meta charset="utf-8" />
    <title></title>
    <style type="text/css">
        div
        {
            width:30px;
            border:30px solid transparent;
            border-bottom:30px solid hotpink;
        }
    </style>
</head>
<body>
    <div></div>
</body>
</html>
```

预览效果如图 9-34 所示。

图 9-34 梯形

▼ 分析

对于梯形，我们在三角形的基础上，设置一定的宽度就可以实现了。

▼ 举例：平行四边形

```
<!DOCTYPE html>
<html>
<head>
    <meta charset="utf-8" />
    <title></title>
    <style type="text/css">
        div
        {
            width:50px;
            height:50px;
            background-color:hotpink;
            transform:skew(-30deg);
        }
    </style>
</head>
<body>
    <div></div>
</body>
</html>
```

预览效果如图 9-35 所示。

图9-35 平行四边形

分析

平行四边形的制作，只需要使用 CSS3 变形中的 skew() 函数就可以实现了。

举例：书签

```
<!DOCTYPE html>
<html>
<head>
    <meta charset="utf-8" />
    <title></title>
    <style type="text/css">
        div
        {
            width:0;
            height:12px;
            background-color:hotpink;
            border:12px solid transparent;
            border-bottom:12px solid white;
        }
    </style>
</head>
<body>
    <div></div>
</body>
</html>
```

预览效果如图 9-36 所示。

图9-36 书签

分析

书签图标的实现原理是将三角形设置成背景色，这样空心的三角形就出现了。

举例：下载箭头

```
<!DOCTYPE html>
<html>
<head>
    <meta charset="utf-8" />
    <title></title>
    <style type="text/css">
```

```
        div
        {
            width:0;
            color:hotpink;
            border:16px solid transparent;
            border-top:16px solid;
            box-shadow:0 -24px 0 -8px;
        }
    </style>
</head>
<body>
    <div></div>
</body>
</html>
```

预览效果如图 9-37 所示。

图 9-37 下载箭头

▌ 分析

下载箭头的实现原理是使用 border 属性来制作三角形，然后使用 box-shadow 属性来制作正方形。仅仅使用 width 和 height 来制作下载箭头是无法实现的，因为此时三角形和正方形始终是一样大的。

▌ 举例：暂停按钮

```
<!DOCTYPE html>
<html>
<head>
    <meta charset="utf-8" />
    <title></title>
    <style type="text/css">
        div
        {
            width:50px;
            height:50px;
            color:hotpink;
            border:1px solid ;
            border-radius:50px;
            outline:10px solid;
            outline-offset:-26px;
        }
    </style>
</head>
<body>
    <div></div>
</body>
</html>
```

预览效果如图 9-38 所示。

图 9-38　暂停按钮

▶ 分析

暂停按钮的实现原理是边框用 border 属性来制作，里面的正方形用 outline 属性来制作。outline-offset 属性可以用来设置偏移量，并且是按一定比例来设置的。

如果将 outline-offset 的值设置得再小一点，一个加号就出来了。比如将 outline-offset 改为 −35px，此时预览效果如图 9-39 所示。

图 9-39　加号按钮

如果在上面的基础上再使用 CSS3 旋转，也就是添加 transform: rotate(45deg);，此时预览效果就变成了一个关闭按钮，如图 9-40 所示。

图 9-40　关闭按钮

▶ 举例：汉堡菜单

```
<!DOCTYPE html>
<html>
<head>
    <meta charset="utf-8" />
    <title></title>
    <style type="text/css">
        div
        {
            width:50px;
            height:0;
            color:hotpink;
            box-shadow:36px 10px 0 3px, 36px 0 0 3px, 36px 20px 0 3px;
        }
    </style>
</head>
<body>
    <div></div>
```

```
    </body>
    </html>
```

预览效果如图 9-41 所示。

图 9-41　汉堡菜单

�分析

汉堡菜单是使用 CSS3 的 box-shadow 属性来实现的。

▸ 举例：单选按钮

```
<!DOCTYPE html>
<html>
<head>
    <meta charset="utf-8" />
    <title></title>
    <style type="text/css">
        div
        {
            width:16px;
            height:16px;
            background-color:hotpink;
            border-radius:16px;
            box-shadow:0 0 0 5px white, 0 0 0 10px hotpink;
        }
    </style>
</head>
<body>
    <div></div>
</body>
</html>
```

预览效果如图 9-42 所示。

图 9-42　单选按钮

▸ 分析

因为 box-shadow 会按比例缩放，所以如果我们将第 1 个值设置为白色，将第 2 个值设置得比第 1 个值大一点，就可以做出"射击靶子"效果，请看下面的例子。

▸ 举例：射击靶子

```
<!DOCTYPE html>
<html>
```

```
<head>
    <meta charset="utf-8" />
    <title></title>
    <style type="text/css">
        div
        {
            width:14px;
            height:14px;
            background-color:hotpink;
            border-radius:16px;
            box-shadow:0 0 0 3px white, 0 0 0 5px hotpink;
            outline:19px solid white;
            outline-offset:-25px;
            transform:scale(1.5);
        }
    </style>
</head>
<body>
    <div></div>
</body>
</html>
```

预览效果如图9-43所示。

图9-43 射击靶子

举例：田型菜单

```
<!DOCTYPE html>
<html>
<head>
    <meta charset="utf-8" />
    <title></title>
    <style type="text/css">
        div
        {
            width:0;
            color:hotpink;
            border:3px solid;
            outline:6px dotted;
            outline-offset:6px;
        }
    </style>
</head>
<body>
    <div></div>
</body>
</html>
```

预览效果如图 9-44 所示。

图 9-44　田型菜单

▚ 举例：禁用图标

```
<!DOCTYPE html>
<html>
<head>
    <meta charset="utf-8" />
    <title></title>
    <style type="text/css">
        div
        {
            width:30px;
            height:30px;
            border-radius:20px;
            border:2px solid hotpink;
            background: linear-gradient(to right, white 45%, hotpink 45%,white 45%,
hotpink 55%,white 55%);
            transform:rotate(40deg);
        }
    </style>
</head>
<body>
    <div></div>
</body>
</html>
```

预览效果如图 9-45 所示。

图 9-45　禁用图标

第10章

性能优化

10.1 CSS 优化简介

高质量的 CSS 代码主要体现在两个方面：一个是"可读性和可维护性"，另外一个是"高性能"。对于一名前端工程师来说，如何平衡这两个方面，是一个很值得思考的问题，如图 10-1 所示。

对于流量比较少的普通网站来说，CSS 本身对性能的影响并不突出。因此，提高 CSS 代码的可读性和可维护性相对于提高性能来说更重要一些。一般情况下，我们都是在确保 CSS 代码的可读性和可维护性较好的前提下，再去考虑它的性能。但是对于大型网站，如淘宝来说，改善性能却是非常重要的。

CSS 文件比较小，性能提高的效果也是微乎其微。因此可能会有人说："我们如此细致地去优化 CSS 性能，意义并不大啊。"大多数情况下的确如此。但是如果我们大规模地使用 CSS，文件就会变得非常大，并且当页面每天都会有几百万甚至上千万次的访问时，这种小小的性能提升就大有不同了。对于一个流量比较少的小网站来说，再怎么优化 CSS 也提高不了多少性能。但是对于一个高流量的网站，如淘宝、百度等来说，CSS 性能速度哪怕有一丁点儿的提高也是非常有用的。

有研究表明：亚马逊每增加 10 毫秒的页面加载时间，就会导致销售额下降 1%；而谷歌搜索结果显示时间每增加 500 毫秒，将导致收入减少 20%。由此我们可以看出，性能的提高对于大型网站有多么重要了。哪怕所做的优化只能提高 1 毫秒的速度，也是相当有价值的。事实上，大型互联网公司在性能方面的考虑是非常细致而全面的。

在这一章中，我们从以下 5 个方面来介绍 CSS 的性能优化技巧。

▶ 属性简写。

▶ 语法压缩。

▶ 压缩工具。

▶ 图片压缩。

▶ 高性能选择器。

此外，掌握这些性能优化技巧，也是成为真正专业的前端工程师的重要标志。新手和高手写出来的代码，一眼就能够被区分出来。因此对于这一章的优化技巧，希望大家能够重点掌握。

图 10-1　CSS 性能优化

10.2　属性简写

在 CSS 中，很多属性是可以简写的。属性简写可以减少字符数，使 CSS 代码量更少。对于属性简写，我们可以从以下 4 个方面进行优化。

- ▶ 盒模型简写。
- ▶ 背景简写。
- ▶ 字体简写。
- ▶ 颜色值简写。

10.2.1　盒模型简写

在 CSS 盒子模型中有 3 个重要属性，border、padding 和 margin，如表 10-1 所示。

表 10-1　CSS 盒子模型属性

属性	说明
border	边框
padding	内边距
margin	外边距

1. 边框（border）

对于边框，我们需要定义 3 个方面的内容：边框的宽度（border-width）、边框的外观（border-style）和边框的颜色（border-color）。

边框有两种写法：一种是"完整形式"，另外一种是"简写形式"。

- ▶ 完整形式。

```
border-width:1px;
border-style:solid;
```

```
border-color:red;
```

▶ 简写形式。

```
border:1px solid red;
```

在实际开发中，我们推荐使用 border 属性的简写形式。"border:1px solid red;"定义的是 4 条边的样式。如果只想定义 1 条边的样式，可以使用 "border-top:1px solid red;" 这种方式。如果我们只想定义 3 条边的样式，可以采用以下方法。

```
border:1px solid red;
border-bottom:0;
```

或者

```
border:1px solid red;
border-bottom:none;
```

2. 内边距（padding）

padding 的写法有 3 种，分别如下。

```
padding:长度值;
padding:长度值1 长度值2;
padding:长度值1 长度值2 长度值3 长度值4;
```

例如。

padding:20px; 表示 4 个方向的内边距都是 20px。

padding:20px 40px; 表示 padding-top 和 padding-bottom 为 20px，padding-right 和 padding-left 为 40px。

padding:20px 40px 60px 80px; 表示 padding-top 为 20px，padding-right 为 40px，padding-bottom 为 60px，padding-left 为 80px，如图 10-2 所示。大家按照顺时针方向记忆就可以了。

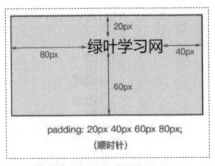

图 10-2　padding 简写形式

3. 外边距（margin）

margin 写法跟 padding 写法相似，也有 3 种，分别如下。

```
margin:长度值;
margin:长度值1 长度值2;
```

```
margin:长度值1 长度值2 长度值3 长度值4;
```

例如。

margin:20px; 表示 4 个方向的外边距都是 20px。

margin:20px 40px; 表示 margin-top 和 margin-bottom 为 20px，margin-right 和 margin- left 为 40px。

margin:20px 40px 60px 80px; 表示 margin-top 为 20px，margin-right 为 40px，margin-bottom 为 60px，margin-left 为 80px，如图 10-3 所示。大家按照顺时针方向记忆就可以了。

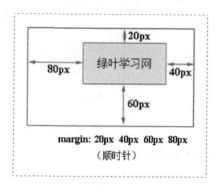

图 10-3　margin 简写形式

对于 border、padding 和 margin 的简写形式，要注意它们针对的方向有几个。如果只针对一个方向，那就没必要使用简写形式，不然其他不需要的方向也定义了数值，会影响预期效果。

10.2.2　背景简写

在 CSS 中，想要为元素定义背景，往往涉及表 10-2 所示的属性。

表 10-2　CSS 背景属性

属性	说明
background-color	背景颜色
background-image	背景图片
background-repeat	背景重复
background-attachment	背景图片是固定还是滚动
background-position	背景图片的定位

背景也有两种写法：完整形式和简写形式。

▶ 完整形式。

```
background-image:url(img/flower.jpg);
background-repeat:no-repeat;
background-position:80px 40px;
```

▶ 简写形式。

```
background:url(images/flower.jpg) no-repeat 80px 40px;
```

在实际开发中，我们推荐使用简写形式。

10.2.3　字体简写

在 CSS 中，常用到的字体以及文本属性如表 10-3 所示。

表 10-3　CSS 字体以及文本属性

属性	说明
font-family	字体类型
font-size	字体大小
font-weight	字体粗细
line-height	行高

字体也有两种写法：完整形式和简写形式。

▶　完整形式。

```
font-weight:bold;
font-size:12px;
line-height:1.5em;
font-family:"微软雅黑";
```

▶　简写形式。

```
font:bold 12px/1.5em "微软雅黑";
```

对于字体简写形式，需要注意以下 3 点。

▶　如果使用字体简写形式，我们至少要指定 font-family 和 font-size 属性，其他属性如果没有指定，则自动使用默认值。

▶　必须严格按照 font-style | font-variant | font-weight | font-size | line-height | font-family的顺序，你可以省略某一个值（比如上面那个例子），但是顺序不能颠倒，否则可能会没有效果。

▶　在简写形式中，font-size 值和 line-height 值之间是需要加入斜杠（ / ）的。初学者要特别注意这种写法，因为在实际开发中会经常见到。

10.2.4　颜色值简写

在 CSS 中，十六进制的颜色值是可以简写的。如果每两位的值相同，可以简写一半。例如，color:#000000 可以简写为 color:#000，color:#336699 可以简写为 color:#369。当然在实际开发中，我们不采用简写形式也没太大影响。之所以对此讲解，是为了让大家知道有这种简写形式，以免看不懂别人写的代码。

10.3 语法压缩

在 CSS 中，很多语法格式只是为了方便我们阅读代码，并不一定必须要使用。如果我们对一些语法进行精简压缩，可以减少 CSS 文件大小，从而减少页面数据传输量。

对于语法，我们主要从以下 7 个方面进行优化。

▶ 空白符。

▶ 结尾分号。

▶ url() 的引号。

▶ 属性值为 0。

▶ 属性值为"以 0 开头的小数"。

▶ 合并相同的定义。

▶ 利用继承进行合并。

10.3.1 空白符

一般情况下，多个属性值之间才必须使用空格。在 CSS 中，空格和换行往往都是为了方便代码的阅读。

▶ 代码 1（纵向书写）。

```
#title
{
    padding:10px;
    border:1px solid gray;
}
#content
{
    font-size:14px;
    text-indent:2em;
}
```

▶ 代码 2（横向书写）。

```
#title{padding:10px;border:1px solid gray;}#content{font-size:14px;text-indent:2em;}
```

对于浏览器来说，上面两种书写方式是完全等价的。纵向书写方便代码的阅读，横向书写则可以节省不少字符数。但是在实际开发中，我们建议使用纵向书写，不建议使用横向书写。等到整站发布的时候，我们再使用工具压缩成横向书写方式。当然，如果在实际开发中，某一个 CSS 规则只有一两个属性，则使用横向书写更为妥当。

10.3.2 结尾分号

在 CSS 中，每一个选择器的样式都是用大括号（{}）括起来的。实际上，最后一个属性后面的结尾分号是不必要的，省略之后对代码没有任何影响。

▶ 代码 1。

```
#title
{
    padding:10px;
    border:1px solid gray;
}
```

▶ 代码 2。

```
#wrapper
{
    padding:10px;
    border:1px solid gray
}
```

对于浏览器来说，上面两段代码是等价的。省略最后一个分号可以让每一个规则减少一个字符。

10.3.3　url() 的引号

在 CSS 中，像 background-image、cursor 等属性的 url() 中的路径不需要添加引号。

▶ 代码 1。

```
h1
{
    background-image:url("logo.jpg");
    cursor:url("default.cur"),default;
}
```

▶ 代码 2。

```
h1
{
    background-image:url(logo.jpg);
    cursor:url(default.cur),default;
}
```

对于浏览器来说，上面两段代码是等价的。省略引号可以让规则减少两个字符。

10.3.4　属性值为 0

在 CSS 中，如果某一个属性取值为 0，则这个属性值不需要添加单位。

▶ 代码 1。

```
.test
{
    padding:0em;
```

```
    font-size:0px;
}
```

▶ 代码2。

```
.test
{
    padding:0;
    font-size:0;
}
```

对于浏览器来说，上面两段代码是等价的。因为当属性取值为 0 时，任何单位的结果都是一样的：0px 等于"无"，0em 也等于"无"。

10.3.5 属性值为"以 0 开头的小数"

在 CSS 中，当一个属性的属性值是"以 0 开头的小数"时，我们可以把开头的 0 去掉。
▶ 代码1。

```
.test
{
    font-size: 0.5em;
}
```

▶ 代码2。

```
.test
{
    font-size: .5em;
}
```

对于浏览器来说，上面两段代码是等价的。但是在实际开发中，不建议使用第 2 种方式，因为这种方式可读性比较差。不过，在整站发布之前，我们可以使用压缩工具来代替执行这个去掉"0"的操作。

10.3.6 合并相同的定义

在 CSS 中，很多时候定义的规则会有相同的部分，我们可以使用群组选择器来合并这些相同的样式，从而达到代码重用和精简代码的目的。
▶ 代码1。

```
.article
{
    border:1px solid silver;
    font-size:14px;
    line-height:14px;
    text-indent:2em;
    background-color:#F1F1F1;
}
.column
```

```
{
    border:1px solid silver;
    font-size:14px;
    line-height:14px;
    text-indent:2em;
    background-color:orange;
}
```

▶ 代码 2。

```
.article , .column
{
    border:1px solid silver;
    font-size:14px;
    line-height:14px;
    text-indent:2em;
}
.article{background-color:#F1F1F1;}
.column{background-color:orange;}
```

代码 2 中使用群组选择器合并了两个不同规则之间的相同部分。这样一来，以后只要修改群组选择器中的 CSS 样式，就可以同时修改两个 class 的样式，非常利于代码的维护。

10.3.7　利用继承进行合并

在 CSS 中，很多属性是可以继承的，例如下面列举的这些属性。

▶ 文本相关属性：font-family、font-size、font-style、font-weight、font、line-height、text-align、text-indent、word-spacing。

▶ 列表相关属性：list-style-image、list-style-position、list-style-type、list-style。

▶ 颜色相关属性：color。

如果父元素的多个子元素都定义了相同的可继承属性，我们就可以把这些相同的属性定义在父元素上，从而精简代码。

▶ 代码 1。

```
<!DOCTYPE html>
<html>
<head>
    <meta charset="utf-8" />
    <title></title>
    <style type="text/css">
        #content
        {
            font-size:14px;
            font-weight:bold;
            line-height:14px;
            color:Red;
            background-color:Orange;
        }
```

```
                #sidebar
                {
                    font-size:14px;
                    font-weight:bold;
                    line-height:14px;
                    color:Red;
                    background-color:#F1F1F1;
                }
        </style>
    </head>
    <body>
        <div id="wrapper">
            <div id="content"></div>
            <div id="sidebar"></div>
        </div>
    </body>
</html>
```

▶ 代码2。

```
<!DOCTYPE html>
<html>
<head>
    <meta charset="utf-8" />
    <title></title>
    <style type="text/css">
            #wrapper
            {
                font-size:14px;
                font-weight:bold;
                line-height:14px;
                color:Red;
            }
            #content{background-color:Orange;}
            #sidebar{background-color:#F1F1F1;}
    </style>
</head>
<body>
    <div id="wrapper">
        <div id="content"></div>
        <div id="sidebar"></div>
    </div>
</body>
</html>
```

代码2利用CSS属性的继承性，避免代码的重复，精简了代码。

10.4 压缩工具

在前面几节中，我们学习了各种CSS的压缩技巧，这对深入了解CSS性能优化是很有帮助的。我们都知道CSS文件分为"开发版"和"发布版"。发布版是将开发版进行合并和压缩之后形成的网站运行版。

　　那么问题来了，在网站发布的时候如果我们要压缩 CSS 文件，是不是要一项一项地手动删除空白符、结尾分号、属性值为 0 的单位呢？说实话，如果现实是如此残酷的话，"程序猿"这种生物估计离绝种不远了。为了保护"程序猿"这种宝贵生物，前端界为我们提供了一大生存利器——CSS 压缩工具！

　　常见的 CSS 压缩工具有 3 种：在线版、构建工具和编辑器插件。如果是在线版的话，推荐两款工具：CSS Compressor 和 YUI Compressor。

　　拿 YUI Compressor 来说，YUI Compressor 会自动对 CSS 文件执行如下操作。

- ▶ 删除所有注释。
- ▶ 删除无用的空白符。
- ▶ 删除结尾分号。
- ▶ 删除属性值为 0 的单位。
- ▶ 删除属性值以 0 开头的小数前的 0。
- ▶ 将相似属性合并，例如 margin、padding、background 等。
- ▶ 将 RGB 颜色转换为十六进制颜色。

……

　　从上面可以看出，YUI Compressor 为我们提供了一条龙服务。只需要轻轻一键进行压缩，你就可以高枕无忧了。想要了解 YUI Compressor 更多信息，大家可以自行搜索一下。

　　在线版压缩工具可能适合初学者使用，但在真正的前端开发工作中，还是推荐小伙伴们使用"Webpack"这一款构建工具，如图 10-4 所示。当然，Webpack 的使用也比较复杂，不是咱们这一本书能够介绍清楚的。想要深入了解的小伙伴们，请自行搜索一下相关内容。

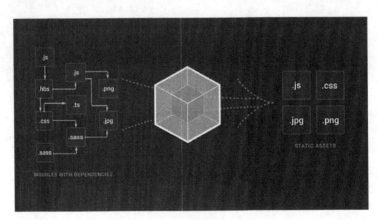

图 10-4　Webpack

　　很多人会有一个疑问："是不是有了 CSS 压缩工具，平常我们就不需要注意代码的书写了呢？"其实在实际开发中，还是建议大家养成良好的优化习惯，然后再使用压缩工具进行辅助。

10.5　图片压缩

　　随着 Web 页面设计的发展，越来越多的图片应用到了页面中，这也使图片的加载和展示成为 Web 前端比较突出的性能关注点。在很多门户网站中，图片的请求数往往占总请求数的一半以上。

10.5.1 JPEG、PNG 和 GIF

在实际开发中，JPEG、PNG 和 GIF 是最常见的图片格式。深入理解这 3 种图片格式适合在哪种情况下使用，以及如何缩小图片大小，显得非常重要。

- ▸ JPEG 可以很好地处理大面积色调的图像，适合存储颜色丰富的复杂图像，如照片、高清图片等。此外，JPEG 不支持透明。
- ▸ PNG 是一种无损格式，可以无损压缩以保证页面打开速度。此外，PNG 支持透明。
- ▸ GIF 格式图像效果较差，但是可以制作动画。

也就是说，如果想要展示色彩丰富而高品质的图片，可以使用 JPEG 格式；如果是一般的图片，为了缩小体积，可以使用 PNG 格式；如果是动画图片，可以使用 GIF 格式。

对于 JPEG、PNG 和 GIF 更为详细的介绍，请参考本系列图书中的入门书《从 0 到 1: HTML+ CSS 快速上手》，这里就不详细展开介绍了。

10.5.2 图片压缩

在一个页面的传输量中，图片的传输量往往占的比重很高，因此对图片大小的压缩就变得尤为重要。图片压缩工具很多，以在线工具为主。我只推荐一款在线工具，那就是"tinypng"，其官网如图 10-5 所示。

tinypng 官方网址: https://tinypng.com/。

图 10-5　tinypng 官网

tinypng 这款在线工具几乎是每一个前端工程师必备的图片压缩工具，它可以将 PNG 以及 JPG 格式的图片大小缩减 50% 甚至 90%。

最后有一点要特别说明，很多小伙伴只注重代码的压缩，却不注重图片的压缩。殊不知绝大多数网页体积中占比最大的就是图片。如果所有图片都能缩减 50% 的体积，那页面加载速度就会变得飞快。因此，压缩图片远远比压缩代码重要，也更有优化的意义，这一点我们一定要清楚。

10.6　高性能选择器

选择器是 CSS 中十分常见的东西。但是很多人却不知道，不同选择器的性能其实也是不一样的。了解选择器在浏览器中的解析原理以及不同选择器的解析速度，能够让我们的 CSS 性能进一步提升。

10.6.1　选择器在浏览器中的解析原理

```
#column .content div{color:red;}
```

一般情况下，我们都是从左到右来阅读代码的。因此对于上面这行代码，我们也会习惯性地以为浏览器是从左到右进行解析的：首先找到 id="column" 的元素，然后再查找该元素下面 class="content" 的元素，最后在已经匹配的元素下查找所有的 div 元素。

但事实却恰恰相反，浏览器是从右到左对选择器进行解析的：首先查找所有的 div 元素，然后再查找该元素是否具有 class="content" 的父元素，最后在已经匹配的父元素中继续向上查找祖先元素是否含有 id="column" 的元素。

当然，如果浏览器是从左到右解析选择器的话，上面这个选择器效率就会很高。但事实上浏览器是从右到左进行解析的，这种看似十分高效的选择器的匹配开销是很高的。因为浏览器必须先遍历页面中所有的 div 元素，然后才确定其父元素的 class 是否是 "content"。

10.6.2　不同选择器的解析速度

▼ 举例

```
#column .content div{……}
#column .test{……}
#test{……}
```

问大家一个问题："这 3 种选择器选中都是同一个元素，那么性能最高的是哪个呢？"正确的答案应该是："第 3 个性能最好，第 1 个性能最差。"由于第 3 个选择器直接使用 id 选择器，而 id 选择器在整个页面中具有唯一性，因此第 3 个选择器可以快速定位。第 1 个选择器需要先匹配所有的 div 元素，对于一个页面来说，这是个不小的匹配量。

浏览器解析选择器的规则是从右到左的，因此我们书写的最右边的一个选择器被称为"关键选择器"。关键选择器对执行效率有决定性的影响。谷歌资深 Web 开发工程师 Steve Souders 对 CSS 选择器的匹配效率从高到低做了一个排序。

① id 选择器。

② class 选择器。

③ 元素选择器。

④ 相邻选择器。

⑤ 子选择器。

⑥ 后代选择器。

⑦ 通配符选择器。

⑧ 属性选择器。

⑨ 伪类选择器。

根据以上"选择器在浏览器的解析原理"以及"各种选择器的匹配效率"可知，如果我们想要更好地使用高性能的选择器，需要注意以下 4 个技巧。

1. 不要使用通配符

在选择器中，通配符（*）一般用于选取页面中的所有元素。例如，*{} 表示选取页面所有元素，#wrapper *{} 表示选取 id="wrapper" 元素下面的所有后代元素。

通配符的匹配量非常大，一般情况下不建议使用。当然，从上面的 CSS 选择器匹配效率排序也可以看出来，通配符的效率非常低。

2. 不要在 id 选择器以及 class 选择器前添加元素名

由于元素的 id 在一个页面中具有唯一性，因此在 id 选择器前添加元素名是多余的，同时还增加了匹配量。

元素的 class 不具有唯一性，如果在 class 选择器前添加元素名，则表示选择某一个 class 的某一种元素。除非是迫不得已，否则尽量不要使用"class 选择器前添加元素名"这种方式。

▌ **举例**

```
/*多余的写法*/
div#wrapper{font-size:12px;}
/*正确的写法*/
#wrapper{font-size:12px;}
```

3. 选择器最好不要超过 3 层，位置靠右的选择条件尽可能精确

选择器的层级越多，浏览器解析时匹配的次数就越多，最终速度就越慢。因此在定义选择器时，我们要尽量让选择器的层级少一些，最好不要超过 3 层。此外，根据选择器在浏览器中从右到左的解析原理可知，位置靠右的选择条件越精确，匹配量就越少，速度就越快。

4. 避免使用后代选择器，尽量少用子代选择器

后代选择器匹配量比较大，应该避免使用。如果非要用的话，建议使用子代选择器来代替。但是子代选择器匹配量也不小，如果有其他选择器可以代替，如 id 选择器或 class 选择器等，也应尽量少用子代选择器来代替。不过我们要注意，尽量少用不等于不用，不要为了减少子代选择器的使用而增加过多的 id 和 class 选择器，这样会导致 id 和 class 选择器泛滥成灾。

【解惑】

现在浏览器解析速度那么快，为什么还要纠结选择器那一点点的性能提升呢？

之前已经明确说过了，对于小项目来说，这的确没有多大影响。但是对于一个大型项目，特别是日访问量几百万次的网站来说，哪怕是一点点的优化，也是非常重要的。当然，就算是做小项目，写一手"优雅的"代码也是一种良好的习惯，因为"大神们"也讲究"诗意的栖居"。当然对于小项目来说，我们还是要在确保 CSS 的可读性和可维护性较好的前提下，再去考虑高性能的选择器。

第 11 章

CSS 技巧

11.1 水平居中

实现文本、图片以及元素等的居中，是 CSS 开发中必须掌握的技巧之一。在 CSS 中，居中包括两个方面：一个是"水平居中"，另外一个是"垂直居中"。这一节，我们先来给大家介绍一下 CSS 水平居中的技巧。

11.1.1 文本的水平居中

如果想要实现单行文本的水平居中，我们可以使用 text-align 属性来实现。多行文本的水平居中在实际开发中很少用到，这里直接忽略即可。

▼ **语法**

```
text-align:center;
```

▼ **举例**

```
<!DOCTYPE html>
<html>
<head>
    <meta charset="utf-8" />
    <title></title>
    <style type="text/css">
        div
        {
            width:300px;
            height:80px;
            line-height:80px;
            text-align:center;
            border:1px solid silver;
```

```
        }
    </style>
</head>
<body>
    <div>"从0到1"系列图书</div>
</body>
</html>
```

预览效果如图 11-1 所示。

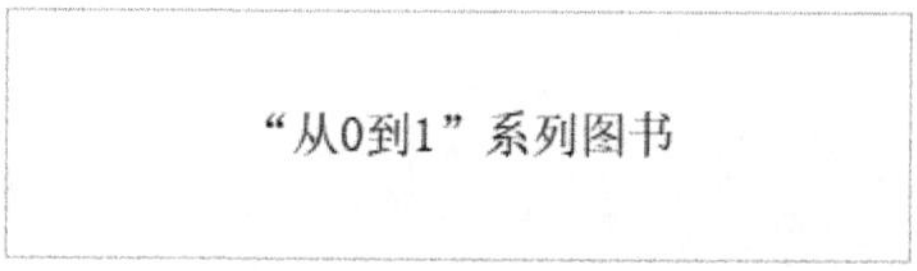

"从0到1"系列图书

图 11-1　文本的水平居中

11.1.2　元素的水平居中

1. 块元素（block）

我们可以看到，很多网站都是将内容整体水平居中布局的。一般情况下，我们都是在最外层套一个 div，然后对 div 实现水平居中。从本质上来说，div 元素就是块元素（block）。

在 CSS 中，如果想要实现块元素的水平居中，我们都是这样处理的：给块元素定义宽度，然后同时定义 margin-left 和 margin-right 都为 auto，就能实现水平居中了。

▶ 语法

```
margin:0 auto;
```

▶ 说明

margin:0 auto; 等价于 margin:0 auto 0 auto;。也就是说，真正起作用的是 margin-left:auto; 和 margin-right:auto;，大家要理解这一点。

从上面我们知道，如果想要在居中的同时加一个上外边距，可以写成 margin:20px auto 0 auto;。如果想要在居中的同时加一个下外边距，可以写成 margin:0 auto 20px auto;。也就是说，只要我们保证 margin-left 和 margin-right 都为 auto，就能保证块元素的水平居中。

对于块元素来说，不管父元素的宽度如何，我们只要给块元素指定宽度，这个方法就有效。如果没有给块元素指定宽度，则块元素会默认占满允许的最大宽度，此时这个方法就是无效的。因此可以总结出非常重要的一点：想要使用 margin:0 auto; 来实现块元素的水平居中，就一定要指定块元素的宽度。

▶ 举例

```
<!DOCTYPE html>
<html>
<head>
    <meta charset="utf-8" />
```

```
    <title></title>
    <style type="text/css">
        div
        {
            margin:0 auto;
            width:60%;
            height:100px;
            border:1px solid silver;
        }
    </style>
</head>
<body>
    <div></div>
</body>
</html>
```

预览效果如图 11-2 所示。

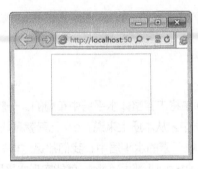

图 11-2　块元素的水平居中

▶ 分析

在这个例子中，我们实现的是 div 元素在 body 元素中水平居中，div 元素的宽度定义为 body 元素的 60%。

▶ 举例

```
<!DOCTYPE html>
<html>
<head>
    <meta charset="utf-8" />
    <title></title>
    <style type="text/css">
        #wrapper
        {
            width:800px;
            height:600px;
            margin:0 auto;
        }
        #header,#footer
        {
            height:98px;
            background-color:lightskyblue;
```

```
        }
        .main-left,.main-right
        {
            height:380px;
            margin-top:10px;
            margin-bottom:10px;
            background-color:hotpink;
        }
        .main-left
        {
            float:left;
            width:595px;
        }
        .main-right
        {
            float:right;
            width:195px;
        }
        .clear{clear:both;}
    </style>
</head>
<body>
    <div id="wrapper">
        <div id="header"></div>
        <div id="main">
            <div class="main-left"></div>
            <div class="main-right"></div>
            <div class="clear"></div>
        </div>
        <div id="footer"></div>
    </div>
</body>
</html>
```

预览效果如图 11-3 所示。

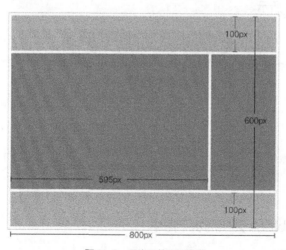

图 11-3　最常见的页面布局

▌ 分析

上面例子实现的就是实际开发中常见的布局形式：把页面主体部分进行整体水平居中。虽然代码比较多，但我们只需要关心 id="wrapper" 这个元素以及它的 CSS 样式就可以了。

2. 行内元素（inline）以及复合行内元素（inline-*）

对于行内元素（inline）以及复合行内元素（inline-*），我们可以使用 text-align:center 来实现水平居中。也就是说，text-align:center 不仅可以用于文字，也可以用于行内元素以及复合行内元素。

复合行内元素包括 inline-block、inline-table 以及 inline-flex 之类的元素。

▌ 语法

```
父元素
{
    text-align:center;
}
```

▌ 举例：inline 元素的水平居中

```
<!DOCTYPE html>
<html>
<head>
    <meta charset="utf-8" />
    <title></title>
    <style type="text/css">
        div{text-align:center;}
    </style>
</head>
<body>
    <div><strong>strong元素</strong></div>
    <div><span>span元素</span></div>
    <div><a href="http://www.lvyestudy.com">a元素</a></div>
</body>
</html>
```

预览效果如图 11-4 所示。

图 11-4　inline 元素的水平居中

▌ 举例：inline-block 元素的水平居中

```
<!DOCTYPE html>
```

```
<html>
<head>
    <meta charset="utf-8" />
    <title></title>
    <style type="text/css">
        body{text-align:center;}
        div
        {
            display:inline-block;
            width:100px;
            height:100px;
            border:1px solid gray;
        }
    </style>
</head>
<body>
    <div></div>
</body>
</html>
```

预览效果如图 11-5 所示。

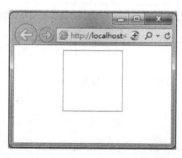

图 11-5　inline-block 元素的水平居中

▶ 分析

此外我们要清楚一点，图片 img 元素也是 inline-block 元素。

11.2　垂直居中

对于垂直居中，我们也从"文本"和"元素"两个方面来给大家介绍，以便大家有一个清晰的学习思路。

11.2.1　文本的垂直居中

1. 单行文本

对于单行文本来说，我们定义 line-height 和 height 这两个属性的值相等，就可以实现垂直居中了。

举例

```
<!DOCTYPE html>
<html>
<head>
    <meta charset="utf-8" />
    <title></title>
    <style type="text/css">
         div
         {
              width:200px;
              height:100px;
              line-height:100px;
              border:1px solid silver;
         }
    </style>
</head>
<body>
    <div>"从0到1"系列图书</div>
</body>
</html>
```

预览效果如图11-6所示。

图11-6 单行文本的垂直居中

分析

为什么定义height和line-height这两个属性值相等，就可以实现单行文本的垂直居中呢？对于这一点，我们在“5.4 深入line-height”这一节已经给大家详细介绍过了。

2. 多行文本

如果父元素高度固定，文本可能是两行或者更多行，如何实现多行文本的垂直居中呢？

语法

```
父元素
{
    display:table-cell;
    vertical-align:middle;
}
span{display:inline-block;}
```

说明

实现的关键是：用一个span元素把所有文本包含起来，然后定义span为inline-block类型，再使用 inline-block 元素垂直居中的方式来处理即可。对于 inline-block 元素垂直居中的实现方式，我们在下面会讲解到，大家可以对比理解。

▶ **举例**

```html
<!DOCTYPE html>
<html>
<head>
    <meta charset="utf-8" />
    <title></title>
    <style type="text/css">
        div
        {
            display:table-cell;
            vertical-align:middle;
            width:300px;
            height:150px;
            border:1px solid silver;
        }
        span{display:inline-block;}
    </style>
</head>
<body>
    <div>
        <span>《从0到1：HTML+CSS快速上手》<br />
            《从0到1：CSS进阶之旅》<br />
            《从0到1：HTML5+CSS3修炼之道》
        </span>
    </div>
</body>
</html>
```

预览效果如图 11-7 所示。

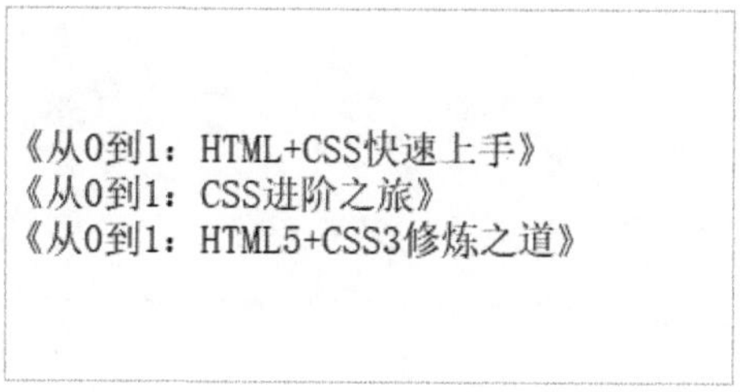

《从0到1：HTML+CSS快速上手》
《从0到1：CSS进阶之旅》
《从0到1：HTML5+CSS3修炼之道》

图 11-7　多行文本的垂直居中

11.2.2　元素的垂直居中

1. 块元素（block）

想要实现块元素的垂直居中一直很麻烦，对于高度已知的块元素，我们可以使用万能的position方法来实现。

使用 position 方法时，父元素和子元素都必须定义宽度和高度，具体做法是：首先给父元素写上 position:relative，这样做是为了确保给子元素添加 position:absolute 的时候不会被定位到 "外太空" 去，然后给子元素添加如下属性。

```
position:absolute;
top:50%;
left:50%;
```

之后再添加如下属性。

```
margin-top: "height值一半的负值";
margin-left: "width值一半的负值";
```

▌ 语法

```
父元素
{
    position:relative;
}
子元素
{
    position:absolute;
    top:50%;
    left:50%;
    margin-top: "height值一半的负值";
    margin-left: "width值一半的负值";
}
```

▌ 说明

position 方法是万能的，它不仅可以用于 block 元素，还可以用于 inline 元素、inline-block 元素等。至于 margin-top 和 margin-left 为什么要这样定义，大家画个草稿就很容易理解了。

▌ 举例

```
<!DOCTYPE html>
<html>
<head>
    <meta charset="utf-8" />
    <title></title>
    <style type="text/css">
        #father
        {
            position:relative;
            width:240px;
            height:160px;
            border:1px solid silver;
        }
        #son
        {
            position:absolute;
            top:50%;
```

```
                left:50%;
                margin-top:-30px;
                margin-left:-60px;
                width:120px;
                height:60px;
                background-color:lightskyblue;
            }
        </style>
</head>
<body>
    <div id="father">
        <div id="son"></div>
    </div>
</body>
</html>
```

预览效果如图 11-8 所示。

图 11-8 块元素的垂直居中

分析

对于 position 方法，我们还需要注意以下两点。

- position 方法可以用于所有元素，包括 inline、inline-block、block 等元素。
- position 方法可以实现水平和垂直两个方向同时居中。如果想要单独实现水平居中，把 top 和 margin-top 这两个属性去掉即可；如果想要单独实现垂直居中，把 left 和 margin-left 这两个属性去掉即可。

2. 行内块元素（inline-block）

对于行内块元素的垂直居中，我们可以使用 display:table-cell 结合 vertical-middle 来实现。结合之前“4.4 display:table-cell”一节介绍的内容，我们就很容易理解其原理了。

语法

```
父元素
{
    display:table-cell;
    vertical-align:middle;
}
```

子元素{vertical-align:middle;}

▶ 举例

```
<!DOCTYPE html>
<html>
<head>
    <meta charset="utf-8" />
    <title></title>
    <style type="text/css">
        div
        {
            display:table-cell;
            vertical-align:middle;
            width:240px;
            height:160px;
            border:1px solid silver;
        }
        img{vertical-align:middle;}
    </style>
</head>
<body>
    <div>
        <img src="img/haizei2.png" alt=""/>
    </div>
</body>
</html>
```

预览效果如图 11-9 所示。

图 11-9 inline-block 元素的垂直居中

在实际开发中，对于水平居中和垂直居中的实现，除了这两节介绍的方法，我们还可以考虑使用 padding 和 margin 来实现。

11.3 CSS Sprite

在浏览网页的过程中，我们经常可以看到很多网站都会用到各种图标、LOGO 等。这些图标大多数情况下都是使用背景图片来实现的。

　　但是像图 11-10 所示的这种页面，一个图标就使用一张背景图片来实现，这样岂不是很影响网站的性能？确实，如果一个图标就使用一张背景图片，那么每一个图标都会引发一次 HTTP 请求，这将极大地影响网站的性能，并且难以维护。

图 11-10　淘宝中的小图标效果

　　一个好的解决办法就是把这些图标全部放到一张背景图片里面去，这样就只会引发一次 HTTP 请求了。如果把所有图标放到一张背景图片里面，那该怎么把图标拿出来使用呢？我们可以使用 CSS 中的 background-position 进行背景定位来取出相应的图标。这就是我们常说的 CSS Sprite 技术。

图 11-11　CSS Sprite 图（精灵图）

　　CSS Sprite，又称为"CSS 精灵"或者"CSS 雪碧图"，如图 11-11 所示。它将零散的小背景图合并成一张大的背景图，然后利用 background-position 属性进行背景定位，从而显示相应的小背景图。合并之后的大背景图，我们常称其为"雪碧图"。CSS Sprite 听起来很高深，但是事实上，很深奥的名词往往都是拿来"吓唬"人的。

　　想要使用 CSS Sprite，我们只需要简单两步就可以实现。

　　① 使用 Photoshop 或者其他工具将小背景图合并成为一张大背景图，其中的每一张小背景图都要进行精确调整。

② 使用 background-image 属性引入大背景图，并且结合 background-position 属性定位来取出相应的图标。

对于 CSS Sprite 的使用，我们推荐两款非常不错的工具。

▸ CSS Sprite Generator。

▸ Sprite Cow。

其中，CSS Sprite Generator 是一款在线工具，我们可以上传一个包含多个小背景图的压缩包，然后工具会自动生成大背景图（雪碧图）。此外，这款工具还可以自定义小背景图的位置、透明度以及背景色等。Sprite Cow 可以用于自动生成"雪碧图"中某一个小背景图的 CSS 代码，这样我们就不需要一个个去取小背景图具体位置的像素了。

▌ 举例

```html
<!DOCTYPE html>
<html>
<head>
    <meta charset="utf-8" />
    <title></title>
    <style type="text/css">
        table{border-collapse:collapse;}
        table,tr,th,td{border:1px solid silver;}
        caption{font-weight:bold;margin-bottom:5px;}
        th
        {
            padding:3px;
            width:80px;
            font:微软雅黑 normal 14px/20px;
            font-weight:normal;
            background-color:#F1F1F1;
        }
        .chrome,.firefox,.ie,.opera,.safari
        {
            background: url(img/sprite.png) no-repeat;
            height:30px;
            padding-left:30px;
        }
        .chrome { background-position: -0px -0px; }
        .firefox { background-position: -0px -30px; }
        .ie { background-position: -0px -60px;}
        .opera { background-position: -0px -90px;}
        .safari { background-position: -0px -120px; }
    </style>
</head>
<body>
    <table>
        <caption>border-radius的浏览器支持情况</caption>
        <thead>
            <tr>
                <th>Chrome</th>
                <th>Firefox</th>
```

```
                        <th>IE</th>
                        <th>Opera</th>
                        <th>Safari</th>
                    </tr>
                </thead>
                <tbody>
                    <tr>
                        <td class="chrome"></td>
                        <td class="firefox"></td>
                        <td class="ie"></td>
                        <td class="opera"></td>
                        <td class="safari"></td>
                    </tr>
                </tbody>
            </table>
        </body>
    </html>
```

预览效果如图 11-12 所示。

border-radius的浏览器支持情况				
Chrome	Firefox	IE	Opera	Safari

图 11-12　CSS Sprite 实例

▼ 分析

上面这个例子使用的"雪碧图"如图 11-13 所示。

图 11-13　雪碧图

    CSS Sprite 技术最大的优点就是减少 HTTP 请求数，从而提高页面的加载速度。除了减少 HTTP 请求数，CSS Sprite 还缩小了图片整体的大小。一般情况下，几张小图片合并成一张大图片后的大小，小于这几种小图标在还没有合并之前的大小之和。

    不过 CSS Sprite 也存在很明显的缺点，那就是开发和维护比较困难。在开发过程中，需要精准调整每个小背景图在大背景图中的位置，操作比较烦琐复杂。在维护过程中，有时候需要增加新的小背景图，这时就可能需要调整已有的小背景图的位置，这样又得重新精准调整小背景图的位置。

    在使用 CSS Sprite 技术时，我们需要注意以下几点。

▶　在开发后期而不是开发前期使用 CSS Sprite。

"雪碧图"的制作比较烦琐，如果在开发前期就使用，其中的小背景图位置就会经常改变，维护起来比较麻烦。因此建议在开发后期再使用 CSS Sprite。

▶　有条理地组织"雪碧图"。

我们将小背景图合并成"雪碧图"的时候，应该将小背景图按照类别、风格、大小等分门别类地放好，不要东放一个西放一个。有条理地组织"雪碧图"，后期的维护会更加方便。

▶　控制"雪碧图"的大小。

如果图片的大小在 200KB 以内，则图片传输的时间是差不多的。因此，"雪碧图"的大小最好不要超过 200KB。如果图片太大，会耗费更多的传输时间，从而影响网站的加载速度。对于大于 200KB 的"雪碧图"，根据类别分割成多个更小的"雪碧图"比较好。

11.4　iconfont 图标

对于小图标效果，如图 11-14 和图 11-15 所示，估计很多人能够想到的是使用 CSS Sprite 结合背景图片来实现。但是在实际开发中，我们都会遵循"少用图片"原则。因为这会导致图片数据传输量大，并引发一次 HTTP 请求。而且这些小图标，如图 11-14 所示，也可能会有多个尺寸、多种颜色等，如果要使用背景图片来实现会非常麻烦。

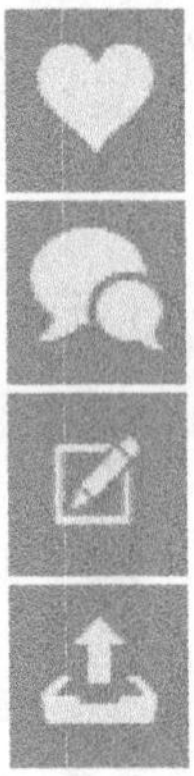

图 11-14　回顶部效果中的小图标

◄：站长的新书《Web前端开发精品课》正式出版啦，小伙伴们赶紧去看看并支持一下吧：查看详情

1.1 前端技术简介

🔏 作者(helicopter)　👍 赞(161)　👁 浏览(49968)　💬 评论(90)　◄ 说明:原创教程，禁止转载

图 11-15　文章页面中的小图标

想要实现小图标效果，比较好的解决方法就是使用 iconfont 图标技术，指的就是使用字体文件取代图片文件，来实现小图标效果。

11.4.1　iconfont 网站

　　iconfont 是功能强大且图标内容丰富的矢量图标库，它是由阿里巴巴体验团队倾力打造的一款集设计和前端开发为一体的便捷工具。iconfont 为用户提供矢量图标下载、在线存储、格式转换等功能。

　　要想使用 iconfont 图标，就必须登录其网站（http://www.iconfont.cn），或者你也可以百度搜索"iconfont"。接下来，我们来简单介绍一下如何使用 iconfont 网站。

　　需要注意的是 iconfont 网站经常会改版升级。操作过程中如果发现下面的步骤对不上，小伙伴们可自行摸索，操作并不难。

　　① 打开官网首页，单击左上角的图标登录 iconfont，如图 11-16 所示。

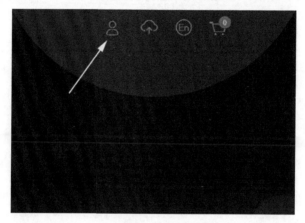

图 11-16　登录

　　② 在官网首页左上角依次找到【图标库】→【所有图标库】，如图 11-17 所示。单击【所有图标库】，此时界面如图 11-18 所示。

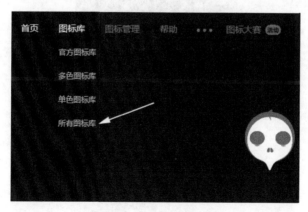

图 11-17　选择【所有图标库】

　　③ 单击进入任意一个图标库，然后将鼠标指针移到图标上面，可以看到每一个图标都有【添加入库】【收藏】【下载图标】3 个选项，如图 11-19 所示。

　　④ 我们可以把自己想要的图标添加入库，然后在右上角的购物车图标处，就可以看到我们已经添加进来的图标，如图 11-20 所示。

图 11-18　进入【所有图标库】

图 11-19　3 个选项

图 11-20　添加入库

⑤ 选择完毕后，单击【下载代码】，然后解压文件，就可以得到如图 11-21 所示的文件了。

图11-21　文件列表

11.4.2　iconfont 技术

从 iconfont 网站下载的文件中，有几个是比较重要的：iconfont.eot、iconfont.svg、iconfont. ttf、iconfont.woff。这是 4 种字体文件格式，如表 11-1 所示，我们需要了解一下。

表 11-1　字体文件格式

文件格式	说明
.eot	微软开发的用于嵌入网页的字体，IE 专用字体格式
.woff	W3C 组织推荐的标准，Web 字体最佳格式
.ttf	Mac OS 和 Windows 操作系统中最常见的字体格式
.svg	W3C 组织制定的开放标准的图形格式

想要使用 iconfont 图标，我们就必须要在 CSS 中引入这 4 个字体文件。

▌ 语法

```
/*自定义图标字体*/
@font-face
{
    font-family: "iconfont";
    src: url("fonts/iconfont.eot");
    src: url("fonts/iconfont.eot?#iefix") format("embedded-opentype"),
            url("fonts/iconfont.woff") format("woff"),
            url("fonts/iconfont.ttf") format("truetype"),
            url("fonts/iconfont.svg") format("svg");
}
.iconfont
{
    font-family:"iconfont" !important;
    font-style:normal;
    -webkit-font-smoothing: antialiased;
    -webkit-text-stroke-width: 0.2px;
    -moz-osx-font-smoothing: grayscale;
}
```

▌ 说明

使用 iconfont 图标的关键语法就是 @font-face。@font-face 用于自定义字体，具体语法内容不在此展开，可以参考绿叶学习官网的 CSS3 教程中"嵌入字体 @font-face"一节。-webkit-font-smoothing:antialiased; 用于实现 webkit 引擎浏览器中的抗锯齿，而 -moz-osx-font-smoothing:grayscale; 用于实现 Mac OS 系统火狐浏览器中的抗锯齿。

　　font-family: "iconfont"; 用于定义字体名称。也就是说，该字体名称为"iconfont"。当然，我们也可以使用其他名字代替，不一定非要用"iconfont"。

　　上面的语法看似很复杂，但是我们也没必要记住。在实际开发中，我们直接复制过去用就行了。当然，我们一定要记得改一下字体文件路径。很多新手小伙伴发现代码没有效果，就是因为只是一味地简单复制，而忘记修改文件路径了。

　　实际上，我们在下载文件中找到 demo_unicode.html 这个文件，在浏览器中打开后也能找到相应的使用语法。

▌ 举例：iconfont 图标

```html
<!DOCTYPE html>
<html>
<head>
    <meta charset="utf-8" />
    <title></title>
    <style type="text/css">
        /*自定义图标字体*/
        @font-face
        {
            font-family: "myfont";
            src: url("fonts/iconfont.eot");
            src: url("fonts/iconfont.eot?#iefix") format("embedded-opentype"),
                url("fonts/iconfont.woff") format("woff"),
                url("fonts/iconfont.ttf") format("truetype"),
                url("fonts/iconfont.svg") format("svg");
        }
        .iconfont
        {
            font-family:"myfont" !important;
            font-style:normal;
            -webkit-font-smoothing: antialiased;
            -webkit-text-stroke-width: 0.2px;
            -moz-osx-font-smoothing: grayscale;
        }
    </style>
</head>
<body>
    <i class="iconfont">&#xe605;</i>
</body>
</html>
```

预览效果如图 11-22 所示。

图 11-22　iconfont 小图标

▶ **分析**

小伙伴们可能会觉得很奇怪，这个  究竟是什么？其实从 iconfont 网站下载下来的文件中有一个 demo_unicode.html，我们打开这个页面，可以看到每个图标都有对应的一个字符串，如图 11-23 所示。想要使用哪个小图标，只需要写上对应的字符串即可。

图 11-23　图标对应的字符串

从上面可以总结得出，如果我们想要在页面中使用 iconfont 图标，必须要做到以下 4 步。

① 下载好图标字体文件并且放入网站目录中。

② 在 CSS 中，使用 @font-face 自定义字体。

③ 在 HTML 中，元素添加 class="iconfont"。

④ 在元素中添加图标对应的字符串。

▶ **举例：定义图标的样式**

```html
<!DOCTYPE html>
<html>
<head>
    <meta charset="utf-8" />
    <title></title>
    <style type="text/css">
        @font-face
        {
            font-family: "myfont";
            src: url("fonts/iconfont.eot");
            src: url("fonts/iconfont.eot?#iefix") format("embedded-opentype"),
                url("fonts/iconfont.woff") format("woff"),
                url("fonts/iconfont.ttf") format("truetype"),
                url("fonts/iconfont.svg") format("svg");
        }
        .iconfont
        {
            font-family:"myfont" !important;
            font-style:normal;
            -webkit-font-smoothing: antialiased;
            -webkit-text-stroke-width: 0.2px;
            -moz-osx-font-smoothing: grayscale;
        }
        i
        {
            font-size:60px;
```

```
            font-weight:bold;
            color:red;
        }
    </style>
</head>
<body>
    <i class="iconfont">&#xe605;</i>
</body>
</html>
```

预览效果如图 11-24 所示。

图 11-24　定义小图标的样式

▶ 分析

iconfont 图标就跟文本一样，我们还可以为它们定义 font-size、font-weight、color 等属性。小伙伴们是不是感到非常神奇呢？

实际上，在咱们的绿叶学习网中，大量使用了 iconfont 图标技术。小伙伴们查看一下页面源代码就能发现。

▶ 举例

```
<!DOCTYPE html>
<html>
<head>
    <meta charset="utf-8" />
    <title></title>
    <style type="text/css">
        @font-face
        {
            font-family: "myfont";
            src: url("fonts/iconfont.eot");
            src: url("fonts/iconfont.eot?#iefix") format("embedded-opentype"),
                url("fonts/iconfont.woff") format("woff"),
                url("fonts/iconfont.ttf") format("truetype"),
                url("fonts/iconfont.svg") format("svg");
        }
        .iconfont
        {
            font-family:"myfont" !important;
            font-style:normal;
            -webkit-font-smoothing: antialiased;
            -webkit-text-stroke-width: 0.2px;
            -moz-osx-font-smoothing: grayscale;
        }
        ul
```

```
        {
            line-style-type:none;
            font-size:16px;
            font-weight:bold;
        }
        li{color:blue;}
        i{font-size:21px;color:red;margin-right:5px;}
    </style>
</head>
<body>
    <ul>
        <li><i class="iconfont">&#xe605;</i>回到首页</li>
        <li><i class="iconfont">&#xe64b;</i>搜索一下</li>
        <li><i class="iconfont">&#xe610;</i>个人中心</li>
        <li><i class="iconfont">&#xf0179;</i>我的购物</li>
        <li><i class="iconfont">&#xe648;</i>我的菜单</li>
    </ul>
</body>
</html>
```

预览效果如图 11-25 所示。

图 11-25 定义小图标样式

接下来，我们来尝试实现绿叶学习网首页中的列表效果。这里就用到了 iconfont 图标技术。

▼ 举例

```
<!DOCTYPE html>
<html>
<head>
    <meta charset="utf-8" />
    <title></title>
    <style type="text/css">
        @font-face
        {
            font-family: "myfont";
            src: url("fonts/iconfont.eot");
            src: url("fonts/iconfont.eot?#iefix") format("embedded-opentype"),
                url("fonts/iconfont.woff") format("woff"),
                url("fonts/iconfont.ttf") format("truetype"),
                url("fonts/iconfont.svg") format("svg");
        }
        .iconfont
        {
```

```
            font-family:"myfont" !important;
            font-style:normal;
            -webkit-font-smoothing: antialiased;
            -webkit-text-stroke-width: 0.2px;
            -moz-osx-font-smoothing: grayscale;
        }
        ul
        {
            list-style-type: none;
            padding: 0;
            margin: 0;
        }
        li
        {
            width:240px;
            height:32px;
            line-height:32px;
            font-family: "微软雅黑";
            font-size:14px;
            overflow: hidden;          /*清除浮动*/
        }
        /*定义两个li之间有一条边框*/
        li+li{border-top:1px dashed silver;}
        i,span{float:left;color:#333333;}
        i{font-size:16px;margin-left:10px;margin-right:10px;}
        /*使用CSS3子元素选择器*/
        li:nth-child(1) i{color:#A8E957;}
        li:nth-child(2) i{color:#8DCFFB;}
        li:nth-child(3) i{color:#FFCB96;}
        li:nth-child(4) i{color:#FFC2D8;}
        li:nth-child(5) i{color:#86F5F0;}
        li:nth-child(6) i{color:#E4B6FF;}
        li:nth-child(7) i{color:#91ECFA;}
        li:nth-child(8) i{color:#FF9595;}
    </style>
</head>
<body>
    <ul>
        <li>
            <i class="iconfont">&#xe777;</i>
            <span>HTML5参考手册</span>
        </li>
        <li>
            <i class="iconfont">&#xe777;</i>
            <span>CSS3参考手册</span>
        </li>
        <li>
            <i class="iconfont">&#xe777;</i>
            <span>JavaScript参考手册</span>
        </li>
        <li>
```

```
        <i class="iconfont">&#xe777;</i>
        <span>jQuery参考手册</span>
    </li>
    <li>
        <i class="iconfont">&#xe777;</i>
        <span>Bootstrap参考手册</span>
    </li>
    <li>
        <i class="iconfont">&#xe777;</i>
        <span>Python参考手册</span>
    </li>
  </ul>
</body>
</html>
```

预览效果如图 11-26 所示。

图 11-26　带小图标的列表

最后，对于 iconfont 图标技术，我们还有以下 3 点需要补充说明。

▶ 能用 iconfont 图标实现的，就不要使用背景图片或 CSS Spirit 去实现。因为字体相对图片来说，体积肯定小得多。

▶ iconfont 官网除了提供字体图标（iconfont），还提供图标管理、webfont 技术等服务。我们应该到官网摸索一下，了解这些服务会给我们的前端开发带来很大的帮助。

▶ 对于字体图标，如果 iconfont 官网满足不了你的需求，我们可以使用国外最大的图标分享网站 IcoMoon，如图 11-27 所示。相对于 iconfont，IcoMoon 的图标种类更多，功能也更为强大。毕竟这是前端界最好的一个图标分享网站。

图 11-27　IcoMoon 官网

第 12 章

重要概念

12.1　CSS 中的重要概念

在最后一章里，我们给大家介绍一下 CSS 中几个极其重要的概念。了解以下这些概念对你深入理解 CSS 的本质相当重要。

▶ 包含块（containing block）。

▶ BFC 和 IFC。

▶ 层叠上下文。

这些东西比较抽象，难以理解。虽然国内甚少有书籍会涉及，但是这些概念在 CSS 中却扮演着非常重要的角色，不要觉得难就跳过。如果想要真正地掌握 CSS，大家一定要认真研读、一定要认真研读、一定要认真研读。（重要的事情说 3 遍。）

12.2　包含块（containing block）

12.2.1　什么是包含块

我们都知道，如果有两个 div，其中一个是父元素，另外一个是子元素，则父元素会决定子元素的大小和定位。包含块是什么呢？简单来说，就是可以决定一个元素的大小和定位的元素。

包含块是视觉格式化模型的一个重要概念，它跟 CSS 盒子模型类似。你也可以将包含块理解为一个矩形盒子，这个矩形的作用是为这个矩形内部的后代元素（子元素、孙元素等）提供一个参考。一个元素的大小和定位往往是由该元素所在的包含块决定的。

通常情况下，一个元素的包含块是由离它最近的"**块级祖先元素**"的"**内容边界**"决定的。但当元素被设置为绝对定位时，该元素的包含块是由离它最近的 position:relative 或 position:

absolute 的祖先元素决定的。一个元素生成的盒子会扮演该元素的内部元素包含块的角色。也就是说，一个元素的 CSS 盒子为它的内部元素创建了包含块。

12.2.2 包含块的判定以及包含块的范围

一个元素会为它的内部元素创建包含块，内部元素的大小以及定位都跟它的包含块有关。那么能不能说一个元素的包含块就是它的父元素呢？答案是否定的。

1. 根元素

根元素（html 元素），是一个页面中最顶端的元素，它没有父元素。根元素存在的包含块，被称为初始包含块（initial containing block）。

2. 固定定位元素

如果元素的 position 属性为 fixed，那么它的包含块是当前可视窗口，也就是当前浏览器窗口。

▼ 举例

```
<!DOCTYPE html>
<html>
<head>
    <meta charset="utf-8" />
    <title></title>
    <style type="text/css">
        #first
        {
            width:120px;
            height:1800px;
            border:1px solid gray;
            line-height:600px;
            background-color:#B7F1FF;
        }
        #second
        {
            position:fixed;        /* 设置元素为固定定位 */
            top:30px;              /* 距离浏览器顶部30px*/
            left:160px;            /* 距离浏览器左部160px*/
            width:60px;
            height:60px;
            border:1px solid silver;
            background-color:hotpink;
        }
    </style>
</head>
<body>
    <div id="first">无定位的div元素</div>
    <div id="second">固定定位的div元素</div>
</body>
</html>
```

预览效果如图12-1所示。

图12-1 固定定位的效果

◤ 分析

我们尝试拖动浏览器的滚动条，其中有固定定位的div元素不会有任何位置改变，但没有定位的div元素位置会改变，如图12-2所示。

图12-2 拖动滚动条后的效果

固定定位元素，它的包含块就是当前浏览器窗口。我们从上面这个例子也可以看出来，固定定位元素是相对于当前浏览器窗口而言的。

3. 静态定位元素和相对定位元素

如果元素的position属性为static或relative，那么它的包含块是由离它最近的块级祖先元素创建的。祖先元素必须是block、inline-block或者table-cell类型。

◤ 举例

```
<!DOCTYPE html>
<html>
<head>
    <meta charset="utf-8" />
    <title></title>
</head>
<body>
    <div>
```

```
    <p><span></strong>绿叶学习网</span><strong></p>
  </div>
</body>
</html>
```

上面根元素的包含块关系如表 12-1 所示。这里注意一下：根据上面的定义，strong 的包含块是 p，而不是 span。

表 12-1　包含块关系表

元素	包含块
div	body
p	div
span	p
strong	p

4. 绝对定位元素

如果元素的 position 属性为 absolute，那么它的包含块是最近的 position 属性不为 static 的祖先元素。这里的祖先元素可以是块元素，也可以是行内元素。

从上面我们知道，绝对定位元素是根据其包含块来定位的，这个包含块是离它最近的 position 属性不为 static 的祖先元素。如果绝对定位元素找不到 position 属性不为 static 的祖先元素，则它的包含块是 body 元素。现在我们知道为什么在默认情况下，绝对定位元素是相对浏览器窗口来定位的了吧？

对于绝对定位元素包含块的范围，我们也分以下两种情况考虑。

▶ 如果祖先元素是块元素，则包含块的范围为祖先元素的 padding edge。

▶ 如果祖先元素是行内元素，则包含块取决于祖先元素的 direction 属性。

当祖先元素为行内元素时，包含块的范围判定比较复杂，此处不详细展开。

在"8.1 深入定位"一节提到的"绝对定位元素是相对于外层第一个设置了 position:relative、position:absolute 或 position:fixed 的祖先元素来进行定位的"，其实就是跟绝对定位元素的包含块有关。

▼ 举例

```
<!DOCTYPE html>
<html>
<head>
    <meta charset="utf-8" />
    <title></title>
    <style type="text/css">
        .grandfather
        {
            position:relative;      /*设置"爷元素"相对定位*/
            width:200px;
            height:160px;
            background-color:lightskyblue;
        }
```

```
        .father
        {
            position:relative;    /*设置"父元素"相对定位*/
            width:120px;
            height:30px;
            background-color:orange;
        }
        .son
        {
            position:absolute;  /*设置"子元素"绝对定位*/
            bottom:-20px;
            right:50px;
            width:20px;
            height:20px;
            background-color:hotpink;
        }
    </style>
</head>
<body>
    <div class="grandfather">
        <div class="father">
            <div class="son"></div>
        </div>
    </div>
</body>
</html>
```

预览效果如图12-3所示。

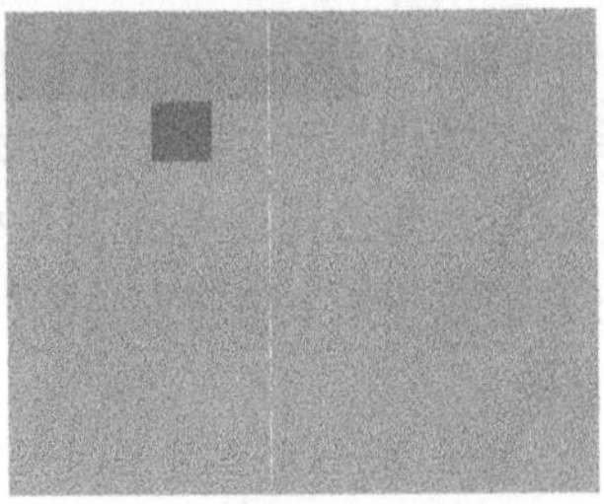

图12-3 实际效果图

◤ 分析

绝对定位元素的包含块是最近的position属性不为static的祖先元素，因此在上面这个例子中，son元素的包含块是father元素。如果删除father元素中的position:relative;，那么son元素的包含块应该是grandfather元素。

12.3 层叠上下文（stacking context）

层叠上下文也许我们接触得比较少，但这是一个非常重要的概念。理解层叠上下文，不仅可以帮助我们深入理解 z-index 对元素堆叠顺序的控制，而且对于我们深入理解浮动和定位也是非常重要的。这一节我们只针对 CSS2.1 进行介绍，对于 CSS3 新环境下层叠上下文的变化，我们不在此展开介绍。

在这一节，我们需要认真理解两个概念。

▶ 层叠上下文（stacking context）。

▶ 层叠级别（stacking level）。

12.3.1　什么是层叠上下文

层叠上下文，即 stacking context，是 HTML 中的一个三维的概念。从"z-index 属性"这一节我们知道，虽然一个网页是平面的，但实际上网页是三维结构，除了 x 轴、y 轴，它还有 z 轴。其中，z 轴用来设定层的先后顺序。

层叠上下文（stacking context）跟块级格式上下文（BFC）相似，是可以创建出来的。也就是说，跟创建 BFC 一样，你可以在 CSS 中添加一定的属性用于为某个元素创建一个层叠上下文。

如果一个元素具备以下任何一个条件（不考虑 CSS3），则该元素会创建一个新的层叠上下文。

▶ 根元素。

▶ z-index 不为 auto 的定位元素。

这里注意，根元素创建的一个层叠上下文，我们称之为"根层叠上下文"。这个跟根元素创建一个 BFC 是一样的。对于根层叠上下文的内容，我们没什么好讲的。

从上面我们知道，如果我们想要创建一个新的层叠上下文，也就只有一个途径了——使用 z-index 属性。

12.3.2　什么是层叠级别

层叠级别，即 stacking level。从上面我们知道，可以使用 z-index 属性为一个元素创建一个新的层叠上下文。但一个元素往往会有背景色、浮动子元素、定位子元素等，那么这些东西又是遵循着怎样的顺序来堆叠的呢？

同一个层叠上下文的背景色以及内部元素，谁在上谁在下，这些都是由层叠级别（stacking level）来决定的。也就是说，层叠级别是针对同一个层叠上下文而言的。层叠级别与层叠上下文是两个不同的概念，大家要认真理解。

在同一个层叠上下文中，层叠级别从低到高排列如下，如图 12-4 所示。

① **边框和背景**：也就是当前层叠上下文的边框和背景。

② **负 z-index**：z-index 为负值的"内部元素"。

③ **块盒子**：普通文档流下的块盒子（block-level box）。

④ **浮动盒子**：非定位的浮动元素（也就是排除了 position:relative 的浮动盒子）。

⑤ **行内盒子**：普通文档流下的行内盒子（inline-level box）。

⑥ **z-index:0**：z-index 为 0 的"内部元素"。

⑦ **正 z-index**：z-index 为正值的"内部元素"。

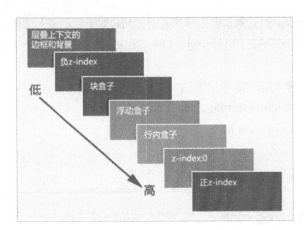

图 12-4 同一层叠上下文中的"层叠级别"

从图 12-4 中我们可以知道。

- ▶ 除了"边框和背景"这一条在当前层叠上下文之外，其他的都是针对当前层叠上下文内部的元素。
- ▶ 关于块盒子（block-level box）和行内盒子（inline-level box），我们会在下一节"12.4 BFC 和 IFC"中给大家介绍。注意，inline-block 元素不是块盒子，而是行内盒子。
- ▶ 父元素内部的元素（即后代元素），如果是一个 z-index 取值不为 auto 的定位元素，则这个元素会创建新的层叠上下文。不过这个由内部元素创建的层叠上下文依旧属于父元素层叠上下文的一部分。也就是说，层叠上下文是可以嵌套的，内部元素所创建的层叠上下文均受制于父元素创建的层叠上下文。

这里问大家一个问题，为什么行内元素的层叠级别要比浮动元素和块元素的高呢？我明明感觉浮动元素和块元素的层叠级别要更高啊。我们先来看一个分析图，如图 12-5 所示。

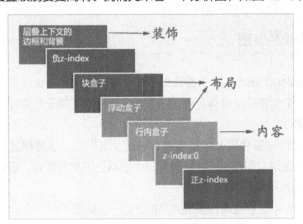

图 12-5 层叠级别分析图

边框和背景一般为装饰属性，所以层叠级别最低。浮动元素和块元素一般用作布局，而行内元素都是内容。对于一个页面来说，最重要的当然是内容。因此，一定要让内容的层叠级别更高。

12.3.3 层叠上下文的特点

一个元素在 z 轴方向上的堆叠顺序，是由"层叠上下文"和"层叠级别"这两个因素决定的。

▸ 在同一个层叠上下文中，我们比较的是"内部元素层叠级别"。层叠级别大的元素显示在上，层叠级别小的元素显示在下。

▸ 在同一个层叠上下文中，如果两个元素的层叠级别相同（即 z-index 值相同），则后面的元素堆叠在前面元素的上面，遵循"后来者居上"原则。

▸ 在不同的层叠上下文中，我们比较的是"父级元素层叠级别"。元素显示顺序以"父级层叠上下文"的层叠级别来决定显示的先后顺序，与自身的层叠级别无关。

▌ 举例

```
<!DOCTYPE html>
<html>
<head>
    <meta charset="utf-8" />
    <title></title>
    <style type="text/css">
        #wrapper
        {
            width:400px;
            height:200px;
            border:1px solid gray;
            padding:10px;
        }
        img{float:left;}
        #content{background-color:#FFACAC;}
    </style>
</head>
<body>
    <div id="wrapper">
        <img src="images/ailianshuo.png" alt=""/>
        <div id="content">水陆草木之花，可爱者甚蕃。晋陶渊明独爱菊。自李唐来，世人甚爱牡丹。予独爱
莲之出淤泥而不染，濯清涟而不妖，中通外直，不蔓不枝，香远益清，亭亭净植，可远观而不可亵玩焉。予谓菊，花之隐逸者也；
牡丹，花之富贵者也；莲，花之君子者也。噫！菊之爱，陶后鲜有闻；莲之爱，同予者何人？牡丹之爱，宜乎众矣。</div>
    </div>
</body>
</html>
```

预览效果如图 12-6 所示。

图 12-6　浮动引起的文字环绕效果

◤ 分析

一个元素浮动之后，它的层叠级别（stacking level）比正常文档流下的块级盒子的层叠级别要高。此时浮动元素会“浮”到上面去，脱离文档流。三维立体分析如图 12-7 所示。

图 12-7 分析图

看到了吧？这就是浮动产生的影响！建议大家回过头去看看“浮动布局”这一章中的例子，结合层叠上下文进行理解，估计很多东西就能够想明白了。

12.4 BFC 和 IFC

12.4.1 基本概念

在 CSS 中，页面的任何一个元素都可以看成是一个盒子。在普通文档流（normal flow）中，盒子会参与一种格式上下文（formatting context）。这个盒子可能是块盒子（block-level box），也可能是行内盒子（inline-level box）。一个盒子只能是块盒子或者是行内盒子，不能是块盒子的同时又是行内盒子。其中块盒子参与 BFC（块级格式上下文），行内盒子参与 IFC（行级格式上下文）。

1. 格式上下文（formatting context）

格式上下文是 W3C CSS2.1 规范中的一个重要概念，它指的是页面中的一块渲染区域。除此之外，这个格式上下文有一套自己的渲染规则。格式上下文决定了其内部元素将如何定位，以及和其他元素之间的关系。

格式上下文有以下两种类型。

- 块级格式上下文，即 Block Formatting Context，简称 BFC。
- 行级格式上下文，即 Inline Formatting Context，简称 IFC。

2. 盒子（box）

盒子，又称 CSS 盒子，是 CSS 布局的基本单位。简单来说，一个页面就是由很多个盒子组成的（具体请参考“盒子模型”一章）。元素的类型和 display 属性决定了盒子的类型。不同类型的盒子，会参与不同的格式上下文。常见的 display 属性取值如表 12-2 所示。

表12-2 常见的 display 属性取值

属性值	说明
inline	行内元素
block	块元素
inline-block	行内块元素
table	以表格形式显示，类似于 table 元素
table-row	以表格行形式显示，类似于 tr 元素
table-cell	以表格单元格形式显示，类似于 td 元素
none	隐藏元素

上面已经提到了，盒子的类型一般有"块盒子"和"行内盒子"两种。

▶ 块盒子。

块盒子，即"block-level box"。元素类型（即 display 属性）为 block、table、list-item 的元素，会生成块盒子（block-level box）。

块盒子会参与块级格式上下文。也就是说，元素类型为 block、table、list-item 的元素都会参与块级格式上下文（BFC）。

▶ 行内盒子。

行内盒子，即"inline-level box"。元素类型（即 display 属性）为 inline、inline-block、inline-table 的元素，会生成行内盒子（inline-level box）。

行内盒子会参与行级格式上下文。也就是说，元素类型为 inline、inline-block、inline-table 的元素都会参与行级格式上下文（IFC）。

除了 block-level box 和 inline-level box 这两种盒子，在 CSS 中还有一个 run-in box 盒子。不过 run-in box 是 CSS3 新增的，在此不考虑。

12.4.2 什么是 BFC

BFC，全称 Block Formatting Context（块级格式上下文），它是一个独立的渲染区域，只有块盒子（block-level box）参与。块级格式上下文规定了内部的块盒子是如何布局的，并且这个渲染区域与外部区域毫不相关。

1. 如何创建 BFC

W3C 标准中对 BFC 是这样定义的：浮动元素，绝对定位元素（position 为 absolute 或 fixed），元素类型（即 display 属性）为 inline-block、table-caption、table-cell，以及 overflow 属性不为 visible 的元素将会创建一个新的块级格式上下文（BFC）。

如果一个元素具备以下任何一个条件，则该元素都会创建一个新的 BFC。

▶ 根元素。

▶ float 属性除了 none 以外的值，也就是 float:left 和 float:right。

▶ position 属性除了 static 和 relative 以外的值，也就是 position:absolute 和 position:fixed。

▶ overflow 属性除了 visible 以外的值，也就是 overflow:auto、overflow:hidden 和 overflow:scroll。

▸ 元素类型（即 display 属性）为 inline-block、table-caption、table-cell。

也就是说，如果我们要创建一个新的 BFC，只需要在 CSS 中添加上面任意一个属性就可以了。创建新的 BFC 可以帮助我们解决很多问题，下面我们会详细介绍。这里要注意一下，根元素也会创建 BFC。也就是说，默认情况下一个页面中所有的元素都处于同一个 BFC 中，不需要我们去设置。理解这一点对于我们后面理解很多东西都十分重要。虽然这些属性都可以创建 BFC，但是也会产生如下的一些影响。

▸ float:left 和 float:right 会将元素移到左边或右边，并被其他元素环绕。

▸ overflow:hidden 会将超出元素的内容隐藏。

▸ overflow:scroll 会产生多余的滚动条。

▸ display:table 可能引发响应性问题。

……

因此如果我们要创建一个 BFC，一定要根据需求来选择最恰当的属性。

这里要注意一下，类型为 flex 和 inline-flex 的元素也会创建 BFC，只不过这些是 CSS3 的内容，我们在此忽略。此外根据定义，类型为 block、table 的元素不会创建 BFC。小伙伴们可能就有疑问了：“为什么 block 类型元素不会创建 BFC 啊？最开始不是说了元素类型（即 display 属性）为 block、table、list-item 的元素，会生成块盒子（block-level box），然后块盒子会参与 BFC 吗？”其实从这句话我们已经得到明确答案了：block、table、list-item 等类型的元素是参与 BFC，而不是创建 BFC。

2. BFC 的特点

W3C 标准描述 BFC 的特点共有两条。

▸ 在一个 BFC 中，盒子从顶端开始一个接着一个地垂直排列，两个相邻盒子之间的垂直间距由 margin 属性决定。在同一个 BFC 中，两个相邻块盒子之间垂直方向上的外边距会叠加。

▸ 在一个 BFC 中，每一个盒子的左外边界（margin-left）会紧贴着包含盒子的容器的左边（border-left）（对于从右到左的格式化，则相反），即使存在浮动元素也是如此。

从上面的 W3C 标准定义，我们可以得出以下几点重要结论。（非常重要，请字斟句酌地理解记忆。）

① 在一个 BFC 内部，盒子会在垂直方向上一个接着一个排列。

② 在一个 BFC 内部，相邻的 margin-top 和 margin-bottom 会叠加。

③ 在一个 BFC 内部，每一个元素的左外边界会紧贴着包含盒子的容器的左边，即使存在浮动也是如此。

④ 在一个 BFC 内部，如果存在内部元素是一个新的 BFC，并且存在内部元素是浮动元素，则该 BFC 的区域不会与 float 元素的区域重叠。

⑤ BFC 就是页面上的一个隔离的盒子，该盒子内部的子元素不会影响外部的元素。

⑥ 计算一个 BFC 的高度时，其内部浮动元素的高度也会参与计算。

有些新手觉得很奇怪，为什么在一个 BFC 中，盒子会在垂直方向上一个接着一个排列呢？如果在一个 BFC 中有一个盒子是 span 这种行内元素，岂不是不符合了？再次提醒一下，能够参与 BFC 中的盒子是块盒子（block-level box）。就算在这个 BFC 中存在一个行内元素，这个行内元素参与的是 IFC，而不是 BFC，别混淆了。

12.4.3 BFC 的用途

上面给大家介绍了 BFC 的特点以及怎么去创建一个新的 BFC。说了那么多，那 BFC 究竟有什么用呢？BFC 的用途很多，常见的有以下 3 个。

- ▶ 创建 BFC 来避免垂直外边距叠加。
- ▶ 创建 BFC 来清除浮动。
- ▶ 创建 BFC 来实现自适应布局。

1. 创建 BFC 来避免垂直外边距叠加

在之前的章节里已经给大家详细介绍过了外边距叠加的问题。外边距叠加，准确地说是指在同一个 BFC 中，两个相邻的 margin-top 和 margin-bottom 相遇时，这两个外边距将会合并为一个外边距，即"二变一"。其中，叠加之后的外边距高度等于发生叠加之前的两个外边距中的最大值。之所以会发生垂直外边距叠加，是因为这是 BFC 的特点。学到这里，可能小伙伴们都会有"柳暗花明又一村"的感觉了吧。

▶ 举例

```
<!DOCTYPE html>
<html>
<head>
    <meta charset="utf-8" />
    <title></title>
    <style type="text/css">
        #wrapper
        {
            width:200px;
            border:1px solid gray;
            overflow:hidden; /*创建一个新的BFC*/
        }
        #a,#b
        {
            height:60px;
            line-height:60px;
            text-align:center;
            font-size:30px;
            color:White;
            background-color:Purple;
        }
        #a{margin-bottom:20px;}
        #b{margin-top:30px;}
    </style>
</head>
<body>
    <div id="wrapper">
        <div id="a">A</div>
        <div id="b">B</div>
```

```
    </div>
</body>
</html>
```

预览效果如图 12-8 所示。

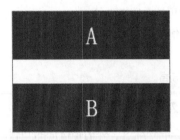

图 12-8 垂直外边距叠加

▌ **分析**

在这个例子中，我们使用 overflow:hidden 为父元素创建一个 BFC，也就是说父元素是一个 BFC 了。因此 A 和 B 位于同一个 BFC 中。

A 的 margin-bottom 为 20px，B 的 margin-top 为 30px。由于在同一个 BFC 中，相邻两个盒子的垂直外边距会叠加，因此 A 和 B 的垂直距离为 30px。

细心的小伙伴们就有疑问了："我不给父元素添加 overflow:hidden 来创建新的 BFC，垂直外边距也会发生叠加，这是什么情况？"大家别忘了根元素本身就是一个 BFC，如果我们没有为父元素创建 BFC，则默认情况下 A 和 B 就是处于根元素的 BFC 中。

在实际开发中，如果我们想要避免垂直外边距叠加，应该怎么办呢？根据第 2 点结论"在一个 BFC 内部，相邻的 margin-top 和 margin-bottom 会叠加"，我们知道：既然相邻的 margin-top 和 margin-bottom 必须处于同一个 BFC 才会发生叠加，那么我们把这两个元素放在不同的 BFC 中，不就可以解决了？

▌ **举例**

```
<!DOCTYPE html>
<html>
<head>
    <meta charset="utf-8" />
    <title></title>
    <style type="text/css">
        #wrapper
        {
            width:200px;
            border:1px solid gray;
            overflow:hidden;            /*创建一个BFC*/
        }
        #bfc-box
        {
            overflow:hidden;            /*创建一个BFC，避免外边距叠加*/
        }
```

```
            #a,#b
            {
                height:60px;
                line-height:60px;
                text-align:center;
                font-size:30px;
                color:White;
                background-color:Purple;
            }
            #a{margin-bottom:20px;}
            #b{margin-top:30px;}
        </style>
    </head>
    <body>
        <div id="wrapper">
            <div id="a">A</div>
            <div id="bfc-box">
                <div id="b">B</div>
            </div>
        </div>
    </body>
</html>
```

预览效果如图 12-9 所示。

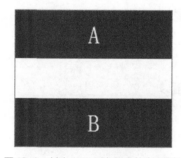

图 12-9　创建 BFC 避免垂直外边距叠加

▌ 分析

在这个例子中，A 和 B 处于不同的 BFC 中，其中 A 处于 #wrapper 元素的 BFC 中，B 处于 #bfc-box 元素的 BFC 中，所以不会发生垂直外边距叠加。这里需要注意，假如我们不给 #bfc-box 元素添加 overflow:hidden，A 和 B 也会发生垂直外边距叠加。但是不对啊，此时 A 和 B 都不属于相邻的元素，为什么它们还会发生外边距叠加呢？

我们再来看看第 2 个结论：同一个 BFC 内部，相邻的 margin-top 和 margin-bottom 会叠加。这里的"相邻"不是指"相邻的兄弟元素"，而是指相邻的 margin-top 和 margin-bottom。

2.　创建 BFC 来清除浮动

▶　BFC 包含浮动。

我们都知道可以使用 overflow:hidden 来清除浮动，但很少有人知道为什么。根据第 6 点结论

"计算一个 BFC 的高度时，其内部浮动元素的高度也会参与计算"，可以知道：如果一个元素是一个 BFC，则计算该元素高度的时候，内部浮动子元素的高度也得算进去。

有点难理解？我们还是来看一个具体的例子。

▼ 举例

```html
<!DOCTYPE html>
<html>
<head>
    <meta charset="utf-8" />
    <title></title>
    <style type="text/css">
        #wrapper
        {
            width:200px;
            border: 1px solid black;
        }
        #first,#second
        {
            width:80px;
            height:40px;
            border:1px solid red;
        }
        #first{float:left;}
        #second{float:right;}
    </style>
</head>
<body>
    <div id="wrapper">
        <div id="first"></div>
        <div id="second"></div>
    </div>
</body>
</html>
```

预览效果如图 12-10 所示。

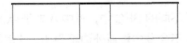

图 12-10　浮动引起的父元素高度塌陷

▼ 分析

在这个例子中，由于父元素没有定义高度，父元素无法把浮动子元素包裹起来，造成了父元素高度塌陷。如果我们给父元素添加 overflow:hidden，预览效果如图 12-11 所示。

图 12-11　创建 BFC 来清除浮动

这是因为 overflow:hidden 使得父元素变成了一个 BFC。BFC 在计算它自身高度的时候，会把浮动子元素的高度算进去，因此最终父元素的高度等于浮动子元素的高度。此时就相当于清除了浮动。当然我们也可以通过给父元素添加 display:inline-block、float:left 等来创建新的 BFC，以此实现浮动的清除。

创建 BFC 的方式很多，上面已经详细给大家介绍了。不过，不同的属性会有不同的副作用。像这个例子，如果使用 overflow:scroll 确实可以清除浮动，但是却无缘无故地增加了滚动条，这就不是我们想要的效果了。（大家可以自行试试。）因此，如果我们要创建一个 BFC，一定要根据需求来选择最恰当的属性。

▶ BFC 避免文字环绕。

有时候，浮动 div 旁边的文本字会环绕它（如图 12-12 所示）。但是我们可能想的是图 12-13 那样的效果，这个时候我们可以通过创建 BFC 来实现。

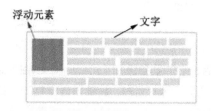

图 12-12　文字环绕效果

图 12-13　预期效果

▶ **举例**

```html
<!DOCTYPE html>
<html>
<head>
    <meta charset="utf-8" />
    <title></title>
    <style type="text/css">
        #wrapper
        {
            width:400px;
            height:200px;
            border:1px solid gray;
            padding:10px;
        }
        img{float:left;}
        #content{background-color:#FFACAC;}
    </style>
</head>
<body>
    <div id="wrapper">
        <img src="images/ailianshuo.png" alt=""/>
        <div id="content">水陆草木之花，可爱者甚蕃。晋陶渊明独爱菊。自李唐来，世人甚爱牡丹。予独爱莲之出淤泥而不染，濯清涟而不妖，中通外直，不蔓不枝，香远益清，亭亭净植，可远观而不可亵玩焉。予谓菊，花之隐逸者也；牡丹，花之富贵者也；莲，花之君子者也。噫! 菊之爱，陶后鲜有闻；莲之爱，同予者何人？牡丹之爱，宜乎众矣。</div>
    </div>
```

```
</body>
</html>
```

预览效果如图 12-14 所示。

图 12-14　浮动引起的文字环绕效果

▶ 分析

根据层叠上下文的知识我们知道：一个元素浮动之后，它的层叠级别（stacking level）比普通文档流的块级盒子的层叠级别要高。此时浮动元素会"浮"到上面去，脱离普通文档流，如图 12-15 所示。

图 12-15　浮动元素"浮"至上层

在这个例子中，我们为 #content 元素添加 overflow:hidden，此时 #content 元素变成了一个新的 BFC，预览效果如图 12-16 所示。

图 12-16　创建 BFC 避免文字环绕

根据第 4 点结论"在一个 BFC 内部，如果存在内部元素是一个新的 BFC，并且存在内部元素是浮动元素"，则该 BFC 的区域不会与 float 元素的区域重叠。

3. 使用 BFC 创建自适应两列布局

自适应两列布局，指的是在左右两列中，有一列的宽度为自适应，另外一列的宽度是固定的。在之前的章节中，我们介绍过使用负 margin 来实现自适应左右两列布局。这里我们介绍另外一种实现方式，那就是使用 BFC 创建自适应两列布局。

▐ 举例

```
<!DOCTYPE html>
<html>
<head>
    <meta charset="utf-8" />
    <title></title>
    <style type="text/css">
        #sidebar
        {
            float:left;
            width:100px;
            height:150px;
            background:#FF6666;
        }
        #content
        {
            height:200px;
            background-color:#FFCCCC;
        }
    </style>
</head>
<body>
    <div id="sidebar"></div>
    <div id="content"></div>
</body>
</html>
```

预览效果如图 12-17 所示。

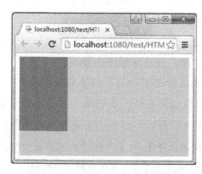

图 12-17　浮动引起的元素覆盖效果

▐ 分析

根据层叠上下文的知识我们知道：一个元素浮动之后，它的层叠级别（stacking level）比普通文档流的块级盒子的层叠级别要高。此时浮动元素会"浮"到上面去，脱离普通文档流，如图 12-18 所示。

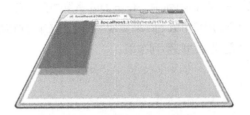

图 12-18　浮动元素"浮"至上层

上面的预览结果，刚好满足了结论的第 3 点：在一个 BFC 内部，每一个元素的左外边界会紧贴着包含盒子的容器的左边，即使存在浮动也是如此。

在这个例子中，我们为 #content 元素添加 overflow:hidden，此时 #content 元素变成了一个新的 BFC，预览效果如图 12-19 所示。

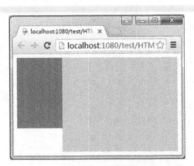

图 12-19　使用 BFC 创建自适应两列布局

我们改变浏览器的宽度，就可以很容易地看出自适应左右两列布局的实际效果。这个例子与"BFC 避免文字环绕"的例子是一样的道理。

这一节的内容非常复杂，很多东西大家一下子理解不来。不过没关系，回头多看几次就行。此外，对于 BFC 和 IFC 这些概念，我们应该去寻找官方的定义，因为那是相对权威和准确的。

【最后的问题】

学完这本书之后，接下来我们应该学哪些内容呢？

这本书介绍的都是 CSS 在实际开发中的各种高级应用。然而前端技术远不止这些，如果小伙伴们想要成为一名合格的前端工程师，我们接下来就要学习更多前端技术才行。

如果你使用的是"从 0 到 1"系列，那么下面是推荐的学习顺序。

《从 0 到 1：HTML+CSS 快速上手》→《从 0 到 1：CSS 进阶之旅》→《从 0 到 1：JavaScript 快速上手》→《从 0 到 1：jQuery 快速上手》→《从 0 到 1：HTML5+CSS3 修炼之道》→《从 0 到 1：HTML5 Canvas 动画开发》→未完待续

附录 1
HTML 进阶

第 13 章

基础知识

13.1 HTML、XHTML 和 HTML5

很多新手往往分不清 HTML、XHTML 和 HTML5，这一节就给大家详细讲解一下三者的联系和区别。

13.1.1 HTML 和 XHTML

HTML，全称 HyperText Markup Language（超文本标记语言），它是构成网页文档的主要语言。我们常说的 HTML 指的是 HTML4.01。

XHTML，全称 Extensible HyperText Markup Language（可扩展超文本标记语言），它是 XML 风格的 HTML4.01，我们可以称之为更严格、更纯净的 HTML4.01。

HTML 语法书写比较松散，比较利于开发者编写。但是对于机器，如计算机、手机，语法越松散，处理起来越困难。因此为了让机器更好地处理 HTML，在 HTML 的基础上引入了 XHTML。

XHTML 相对于 HTML 来说，在语法上更加严格。XHTML 和 HTML 的主要区别如下。

1. XHTML 标签必须被关闭

在 XHTML 中，所有标签必须被关闭，如 <p></p>、<div></div> 等。此外，空标签也需要闭合，例如
 要写成
。

错误写法: <p> 欢迎来到绿叶学习网。

正确写法: <p> 欢迎来到绿叶学习网 </p>。

2. XHTML 标签以及属性必须小写

在 XHTML 中，所有标签以及标签属性必须小写，不能大小写混合，也不能全部都是大写。不过标签的属性值可以大写。

错误写法：<Body><DIV ID="Main"></DIV></Body>。

正确写法：<body><div id="main"></div></body>。

3. XHTML 标签属性值必须用引号

在 XHTML 中，标签属性值必须用引号括起来，单引号、双引号都可以。

错误写法：<input id=txt type=text/>。

正确写法：<input id="txt" type="text"/>。

4. XHTML 标签用 id 属性代替 name 属性

在 XHTML 中，除了表单元素之外的所有元素，都应该用 id 而不是 name。

错误写法：<div name="wrapper"></div>。

正确写法：<div id="wrapper"></div>。

下面是一个完整的 XHTML 文档。

```
<!DOCTYPE html PUBLIC "-//W3C//DTD XHTML 1.0 Transitional//EN" "http://www.w3.org/TR/
xhtml1/DTD/xhtml1-transitional.dtd">
    <html xmlns="http://www.w3.org/1999/xhtml">
    <head>
        <title>"从0到1"系列图书</title>
    </head>
    <body>
        <p>《从0到1：HTML+CSS快速上手》</p>
        <p>《从0到1：CSS进阶之旅》</p>
        <p>《从0到1：HTML5+CSS3修炼之道》</p>
    </body>
    </html>
```

13.1.2　HTML5

HTML 指的是 HTML4.01，XHTML 是 HTML 的过渡版本，XHTML 是 XML 风格的 HTML4.01。而 HTML5 指的是下一代的 HTML，也就是 HTML4.01 的升级版。

不过，HTML5 已经不再是单纯意义上的标签了，它远远超越了标签的范畴。HTML5 除了新增部分标签之外，还增加了一组技术，如 Canvas、SVG、websocket 和本地存储等。这些新增的技术都使用 JavaScript 来操作。也就是说，HTML5 使得 HTML 从一门"标记语言"转变为一门"编程语言"。

对于 HTML5 新增的技术，在此不做详细介绍，本书只针对 HTML4.01 来介绍。单纯从新增的标签上来看，HTML5 有以下几个特点。

1. 文档类型说明

基于HTML5设计准则中的"化繁为简"原则，页面的文档类型 <!DOCTYPE> 被极大地简化了。XHTML 文档声明如下。

```
<!DOCTYPE html PUBLIC "-//W3C//DTD XHTML 1.0 Transitional//EN" "http://www.w3.org/TR/
xhtml1/DTD/xhtml1-transitional.dtd">
```

HTML5 文档声明如下。

```
<!DOCTYPE html>
```

2. 标签不再区分大小写

```
<div>绿叶学习网</DIV>
```

上面这种写法也是完全符合 HTML5 规范的。但是在实际开发中，建议所有标签以及属性都采用小写的形式。

3. 允许属性值不加引号

```
<div id=wrapper style=color:red>绿叶学习网</div>
```

上面这种写法也是完全符合 HTML5 规范的。但是在实际开发中，建议标签所有属性值都加引号，单引号或双引号都可以。

4. 允许部分属性的属性值省略

在 HTML5 中，部分具有特殊的属性的属性值是可以省略的。例如，下面代码是完全符合 HTML5 规范的。

```
<input type="text" readonly/>
<input type="checkbox" checked/>
```

上面两句代码等价于以下代码。

```
<input type="text" readonly="readonly"/>
<input type="checkbox" checked="checked"/>
```

在 HTML5 中，可以省略属性值的属性如表 13-1 所示。

表 13-1　HTML5 中可以省略属性值的属性

省略形式	等价于
autofocus	autofocus="autofocus"
async	async="async"
checked	checked="checked"
defer	defer="defer"
disabled	disabled="disabled"
download	download="download"
hidden	hidden="hidden"
ismap	ismap="ismap"
multiple	multiple="multiple"
nohref	nohref="nohref"
noresize	noresize="noresize"
noshade	noshade="noshade"
nowrap	nowrap="nowrap"
required	required="required"
readonly	readonly="readonly"
selected	selected="selected"

一句话概括 HTML、XHTML、HTML5，那就是：HTML 指的是 HTML4.01，XHTML 是 HTML 的过渡版，HTML5 是 HTML 的升级版。

13.2　div 和 span

对于 div 和 span 这两个元素，不少新手也不知道它们之间有什么区别，使用起来也很随意。因此，这里还是有必要简单介绍一下。

div 和 span 没有任何语义，正是因为没有语义，所以这两个标签一般都是配合 CSS 来定义元素样式的。

div 和 span 的区别如下。

▶ div 是块元素，可以包含任何块元素和行内元素，不会与其他元素位于同一行；span 是行内元素，可以与其他行内元素位于同一行。

▶ div 常用于页面中较大块的结构划分，然后配合 CSS 来操作；span 一般用来包含文字等，它没有结构上的意义，纯粹是应用样式。当其他行内元素都不适合的时候，可以用 span 来配合 CSS 操作。

其实，除了 div 和 span，还有一个 label 标签。其中，div 和 span 是无语义标签，但 label 是有语义标签。label 只适用于表单，用于显示在输入控件旁边的说明性文字。

▌ **举例**

```
<!DOCTYPE html>
<html>
<head>
    <meta charset="utf-8" />
    <title></title>
</head>
<body>
    <p>只有"<span style="font-weight:bold;color:Red;">真爱</span>"才会关注对方灵魂中的隐痛。</p>
</body>
</html>
```

预览效果如图 13-1 所示。

只有"真爱"才会关注对方灵魂中的隐痛。

图 13-1　span 标签的使用

▌ **分析**

在这个例子中，我们如果想要对"真爱"这两个字进行加粗并改变颜色处理，可以使用 span 包含文字，然后再进行样式修改。大家要记住一点，span 标签往往都是用来配合 CSS 修饰元素的。

对于 div 和 span，大家经过一定的实践，自然而然会有很深刻的理解。

13.3 id 和 class

id 和 class 是 HTML 元素中两个最基本的公共属性。一般情况下，id 和 class 都是用来选择元素的，以便进行 CSS 操作或者 JavaScript 操作。但是很多新手对 id 和 class 这两个属性了解不深，不知道什么时候用 id，什么时候用 class，甚至随便混用。

13.3.1 id 属性

id 属性具有唯一性，也就是说在一个页面中，相同的 id 只允许出现一次。W3C 标准建议，对于页面的关键结构或者大结构，我们才使用 id。所谓的 "关键结构"，指的是诸如 LOGO、导航、主体内容、底部信息栏等结构。对于一些小地方，我们还是建议使用 class 属性。

对于一个页面结构，搜索引擎是根据标签的语义以及 id 属性来识别的，因此 id 属性不要轻易使用。此外，id 的命名也十分关键，特别是对搜索引擎优化而言。

我们可以看看绿叶学习网的首页代码，如图 13-2 所示，其对于 id 和 class 的使用，还是比较规范的，小伙伴们可以参考一下。

图 13-2 绿叶学习网

13.3.2 class 属性

class，顾名思义，就是 "类"，其思想跟 C、Java 等编程语言的 "类" 是相似的。我们可以为同一个页面的 "相同元素" 或 "不同元素" 定义相同的 class，使得相同 class 的元素具有相同的 CSS 样式。

如果你要为两个或者两个以上的元素定义相同的样式，建议使用 class 属性。因为这样可以减少大量重复代码。

注意，对于一个元素而言，我们可以定义多个 class。那么为什么要定义多个 class 呢？一般来说，定义多个 class 的目的在于减少重复的代码。对于多个 class，我们都是这样处理的：一个 class 用于提取公共样式，另外一个 class 用于定义单独样式。

举个例子，在一个页面中有如图 13-3 所示的 3 个栏目。仔细分析，我们会发现这 3 个栏目具有部分相同样式，此时我们可以使用一个 class 来定义公共样式。但是这 3 个栏目又有它单独的样式，该怎么办呢？这时候我们应该为这 3 个栏目分别定义不同的 class，以便在 CSS 中控制单独的样式。这就是多个 class 的用处。

图 13-3 中 3 个栏目的 HTML 关键结构如下。

```
<div class="column blog">
    <h2><h2>
    <div><div>
</div>
<div class="column manual">
    <h2><h2>
    <div><div>
</div>
<div class="column tool">
    <h2><h2>
    <div><div>
</div>
```

图 13-3　绿叶学习网中的 3 个栏目

其中"column"这个 class 用于定义公共样式，而"blog""manual""tool"这几个 class 用于定义独立样式。

对于 id 和 class，我们总结一下：对于页面关键结构，建议使用 id；对于小地方，建议使用 class。此外还有一点要特别说明：对于页面关键结构，就算我们不需要对其进行 CSS 操作或者 JavaScript 操作，也建议加上 id，这样也是为了更好地实现搜索引擎优化（即 SEO）。

13.4　浏览器标题栏小图标

在浏览网页的时候，我们会发现几乎所有网站的页面在浏览器标题栏前面都会有一个小图标，如图 13-4 所示。

想要实现这个效果，我们只需要在 head 标签内添加一个 link 标签即可。

▌ 语法

```
<link rel="shortcut icon" type="image/x-icon" href="favicon.ico"/>
```

图 13-4　浏览器标题栏小图标

rel 和 type 这两个属性的取值是固定的，不用过多纠结。href 属性取值为图标的文件路径，这与引用图片是一样的道理。

这里注意一点，小图标的格式是 .ico，而不是 .jpeg、.png、.gif 等。对于 .ico 格式的图标制作，我们可以搜索一下"在线 icon"，会发现很多不错的在线工具。

▌ 举例

```
<!DOCTYPE html>
<html>
<head>
    <meta charset="utf-8" />
    <title>绿叶学习网</title>
    <link rel="shortcut icon" type="image/x-icon" href="img/favicon.ico"/>
</head>
<body>
    <div>绿叶学习网，给你初恋般的感觉</div>
</body>
</html>
```

预览效果如图 13-5 所示。

图 13-5　浏览器标题栏小图标

第 14 章
语义化

14.1 语义化简介

由于 HTML 较简单，很多初学者对它存在一种"偏见"，觉得没多少东西可学，在学习的过程中态度很随便。其实，学习 HTML 的重点不在于掌握了多少标签，而在于掌握标签的语义以及如何编写一个语义结构良好的页面。

在实际开发过程中，很多人由于对标签语义不熟悉，常常用某一个标签代替另外一个标签来实现某些效果，下面我们来看一个简单的例子。

▶ 举例

```html
<!DOCTYPE html>
<html>
<head>
    <meta charset="utf-8" />
    <title></title>
    <style type="text/css">
        body {font-family: "微软雅黑";font-size: 14px;}
        div
        {
            font-size: 18px;
            font-weight: bold;
            height: 24px;
            line-height: 24px;
        }
    </style>
</head>
<body>
    <div>《火影忍者》</div>
    <p>只要有树叶飞舞的地方，火就会燃烧。</p>
</body>
</html>
```

预览效果如图 14-1 所示。

《火影忍者》
只要有树叶飞舞的地方，火就会燃烧。

图 14-1 div 实现的标题效果

分析

对于上面的标题效果，正确的做法应该是使用 h1~h6 标签来实现，但这里却使用 div 标签来代替了。虽然页面效果一样，但是这种用某一个标签代替另外一个标签来实现相同效果的做法是完全不可取的，因为它违背了 HTML 这门语言的初衷。

HTML 的精髓就在于标签的语义。在 HTML 中，每一个标签都有它自身的语义，例如 p 标签，表示的是“paragraph”，标记的是一个段落；h1 标签，表示“header1”，标记的是一个最高级标题……而 div 和 span 是无语义的标签，我们应该尽可能少用。

HTML 很简单，因此很多初学者往往忽略了它的目的和重要性。我们学习 HTML 不仅是看自己学了多少标签，更重要的是在你需要的地方能否用到正确的语义化标签。把标签用在对的地方，这才是学习 HTML 的目的所在。

我们都知道前端最核心的技术是 HTML、CSS 和 JavaScript。其中 HTML 是网页的结构，CSS 是网页的外观，JavaScript 是网页的行为。在这三大元素中，HTML 才是最重要的，而 CSS 和 JavaScript 只是用来修饰结构的。就像你盖房子，房子装饰得再漂亮，如果结构不稳也会容易塌。

在整站开发时，编写的代码往往都是成千上万行，如果我们全部使用 div 和 span 来代替语义化标签，后期维护会非常困难。此外对于一个页面来说，我们可以根据一个页面的外观来判断哪些是标题，哪些是图片。但是搜索引擎跟人不一样，它可“看不懂”一个页面长得是什么样的，它只会根据 HTML 代码来识别。搜索引擎一般都是根据 HTML 标签来识别 img 标签或 p 标签等。如果整个页面都是 div 和 span，搜索引擎小蜘蛛肯定会迷路，可能以后都不想来光顾你这个站点。要是这样的话，你“崩溃”了，老板也跟着“崩溃”了。

从上面我们知道，编写一个语义结构良好的页面在实际开发中极其重要。语义化主要有两个最大的优点：①提高可读性和可维护性；②利于搜索引擎优化。在这一章，我们主要介绍以下 7 个方面。

- 标题语义化。
- 图片语义化。
- 表格语义化。
- 表单语义化。
- 其他语义化。
- 语义化验证。
- HTML5 舍弃的标签。

14.2　标题语义化

h1~h6 是标题标签，h 表示"header"。相对于其他语义化标签，h1~h6 在 HTML 语义化中占有极其重要的地位，对搜索引擎优化（即 SEO）极为重要。其中，h1 重要性最高，h6 重要性最低。

在一个页面中，h1~h6 这 6 个标签，不需要全部都用上，都是根据需要来使用。对于 h1~h6，一般情况下我们只会用到 h1、h2、h3 和 h4，很少会去用 h5 和 h6，因为一个页面不可能用到那么多级的标题。从搜索引擎优化的角度来说，h1、h2、h3 和 h4 这 4 个标签会被赋予一定的权重，而 h5 和 h6 的权重跟普通标签差不多，在搜索引擎优化上意义不大。

对于标题 h1~h6 的语义化，我们需要注意以下 4 个方面。

▶　一个页面只能有一个 h1 标签。

▶　h1~h6 之间不要断层。

▶　不要用 h1~h6 来定义样式。

▶　不要用 div 来代替 h1~h6。

1.　一个页面只能有一个 h1 标签

h1 标签表示一个页面中最高层级的标题，搜索引擎会赋予 h1 标签最高权重。虽然 W3C 标准没有明确规定一个页面不能有多个 h1 标签，但是我们还是推荐"一个页面只放一个 h1 标签"的做法。如果一个页面出现多个 h1 标签，可能会被搜索引擎判为作弊。就像写文章一样，一个页面就等于一篇文章，然而你见过一篇文章有多个主标题的吗？

2.　h1~h6 之间不要出现断层

搜索引擎对 h1~h6 标签比较敏感，尤其是 h1 和 h2。一个语义良好的页面，h1~h6 应该是完整有序而没有出现断层的。也就是说，要按照"h1、h2、h3、h4"这样的顺序依次排列下来，不要出现"h1、h3、h4"而漏掉 h2 的情况。

3.　不要用 h1~h6 来定义样式

我们都知道 h1~h6 是有默认样式的，如图 14-2 所示。在实际开发中，很多时候我们需要为文本定义字体加粗或者字体大小，不少小伙伴就喜欢用 h1~h6 来代替 CSS。使用标签来控制样式，这是一种非常不好的做法。我们一定要记住：HTML 关注的是结构（语义），CSS 关注的是样式，结构跟样式应该分离。

图 14-2　h1~h6 在浏览器中的效果

4. 不要用 div 来代替 h1~h6

从语义上来说，一个页面的标题应该使用 h1~h6 标签，不要使用 div 来代替。

▍ 举例

```
<!DOCTYPE html>
<html>
<head>
    <meta charset="utf-8" />
    <title></title>
    <style type="text/css">
        body {font-family: "微软雅黑";font-size: 14px;}
        div
        {
            font-size: 18px;
            font-weight: bold;
            height: 24px;
            line-height: 24px;
        }
    </style>
</head>
<body>
    <div>《火影忍者》</div>
    <p>只要有树叶飞舞的地方，火就会燃烧。</p>
</body>
</html>
```

预览效果如图 14-3 所示。

《火影忍者》

只要有树叶飞舞的地方，火就会燃烧。

图 14-3　div 实现的标题效果

▍ 分析

像上面这个例子，div 是无语义的标签，如果使用 div 来代替 h1~h6，后期维护会比较困难，而且这种做法会让一个页面丢失大量的权重，对搜索引擎优化的影响非常大。

14.3　图片语义化

在 HTML 中，我们使用 img 标签来表示图片。对于图片的语义化，我们从以下两个方面来深入探讨。

▶ alt 属性和 title 属性。

▶ figure 元素和 figcaption 元素。

14.3.1 alt 属性和 title 属性

img 标签有两个重要属性：alt 和 title。

- alt 属性用于图片描述，这个描述文字是给搜索引擎看的。并且当图片无法显示时，页面会显示 alt 中的文字。
- title 属性也用于图片描述，不过这个描述文字是给用户看的。并且当鼠标指针移到图片上时，图片会显示 title 中的内容。

▌ 语法

```
<img src="" alt="图片描述（给搜索引擎看）" title="图片描述（给用户看）" />
```

▌ 说明

搜索引擎跟人不一样，它看不出一张图片描绘的是什么东西。它只会通过查看 HTML 代码，通过 img 标签的 alt 属性或者页面上下文来判断图片的内容。因此，对于 img 标签，我们一定要添加 alt 属性，以便搜索引擎识别图片的内容。alt 属性在搜索引擎优化中也很重要，并且会被赋予一定的权重。

一定要注意：alt 属性是 img 标签的必需属性，一定要添加；title 属性是 img 标签的可选属性，可加可不加。建议大家在实际开发中，对于重要的 img 标签，要记得在 alt 属性中添加必要的描述信息。

14.3.2 figure 元素和 figcaption 元素

对于图 14-4 所示的"图片 + 图注"的效果，我们很可能使用如下代码来实现。

```
<div>
    <img src="" alt=""/>
    <span>HTML入门教程</span>
<div>
```

图 14-4　"图片 + 图注"效果

但是，上面这种实现方式的语义并不好。HTML5 引入了 figure 和 figcaption 这两个元素来增强图片的语义化。

▚ 语法

```
<figure>
    <img src="" alt=""/>
    <figcaption></figcaption>
</figure>
```

▚ 说明

figure 元素用于包含图片和图注，figcaption 元素用于表示图注文字。在实际开发中，对于"图片 + 图注"效果，我们都建议使用 figure 和 figcaption 这两个元素来实现，从而使得页面的语义更加良好。

▚ 举例

```
<!DOCTYPE html>
<html>
<head>
    <title></title>
    <style type="text/css">
        *{padding:0;margin:0;}
        body{margin:200px;}
        ul
        {
            list-style-type: none;        /*去除默认样式*/
            display: inline-block;        /*转换为inline-block元素*/
            overflow: hidden;             /*清除浮动*/
            padding:15px;
            border:1px solid gray;
        }
        li{float: left;}
        /*定义两两li之间有一定的margin*/
        li+li{margin-left:15px;}
        figure
        {
            position:relative;            /*设置相对定位属性，以便定位子元素*/
            width:200px;
            height:160px;
            overflow: hidden;
        }
        img
        {
            width:200px;
            height:160px;
        }
        figcaption
        {
            position:absolute;
            left:0;
            bottom:0;
            width:100%;
            height:30px;
```

```
                line-height:30px;
                text-align:center;
                font-family:微软雅黑;
                background-color:rgba(0,0,0,0.6);
                color:white;
            }
        </style>
    </head>
    <body>
        <ul>
            <li>
                <figure>
                    <img src="img/nvdi.png" alt="">
                    <figcaption>海贼王女帝</figcaption>
                </figure>
            </li>
            <li>
                <figure>
                    <img src="img/nvdi.png" alt="">
                    <figcaption>海贼王女帝</figcaption>
                </figure>
            </li>
            <li>
                <figure>
                    <img src="img/nvdi.png" alt="">
                    <figcaption>海贼王女帝</figcaption>
                </figure>
            </li>
        </ul>
    </body>
</html>
```

预览效果如图14-5所示。

图14-5　figure和figcaption的实现效果

▛ **分析**

这个例子的CSS样式比较多，不过在这儿只需要关注HTML结构就可以了。对于CSS部分，如果想要看懂，小伙伴们还是需要先把这本书看完。

14.4 表格语义化

不少初学者总有疑问："不是说表格布局已经被抛弃了吗？为什么还要在书里面介绍表格呢？这不是多此一举吗？"其实不然，在实际开发中，我们不建议使用表格布局，而应该使用浮动布局或者定位布局。虽然表格拿来做布局的方式被抛弃了，但是这并不是说表格就一无是处了。

问大家一个问题：图 14-6 所示的表格数据的展示，应该怎样来实现呢？不少得了"table 恐惧症"的小伙伴可能首先想到的是使用 div 来模拟表格。事实上，对于这种表格数据形式，我们最好的选择还是 table。

font-weight属性值	说明
normal	默认值，正常体
lighter	较细
bold	较粗
bolder	很粗（其实效果跟bold差不多）

图 14-6　绿叶学习网中的表格

在表格中，我们比较常用的标签是 table、tr 和 td 这 3 个。不过为了加强表格的语义化，W3C 还增加了其他 5 个标签：th、caption、thead、tbody 和 tfoot。其中，th 表示"表头单元格"，caption 表示"表格标题"，而 thead、tbody 和 tfoot 这 3 个标签把表格从语义上分为 3 部分：表头、表身、表脚。有了这几个标签，表格语义更加良好，结构更加清晰。表格标签如表 14-1 所示。

表 14-1　表格标签

标签	说明
table	表格
caption	标题
thead	表头（语义划分）
tbody	表身（语义划分）
tfoot	表脚（语义划分）
tr	行
th	表头单元格
td	表行单元格

▼ 语法

```
<table>
    <caption>表格标题</caption>
    <!--表头-->
    <thead>
        <tr>
            <th>表头单元格1</th>
```

```
                <th>表头单元格2</th>
            </tr>
        </thead>
        <!--表身-->
        <tbody>
            <tr>
                <td>表行单元格1</td>
                <td>表行单元格2</td>
            </tr>
            <tr>
                <td>表行单元格3</td>
                <td>表行单元格4</td>
            </tr>
        </tbody>
        <!--表脚-->
        <tfoot>
            <tr>
                <td>表行单元格5</td>
                <td>表行单元格6</td>
            </tr>
        </tfoot>
    </table>
```

▌ 说明

thead、tbody和tfoot这3个标签也是表格中非常重要的标签，它从语义上区分了表头、表身、表脚。很多人容易忽略这3个标签。

▌ 举例

```
<!DOCTYPE html>
<html>
<head>
    <meta charset="utf-8" />
    <title></title>
    <style type="text/css">
        table, thead, tbody, tfoot, th, td
        {
            border: 1px dashed gray;
        }
        tfoot{font-weight:bold}
    </style>
</head>
<body>
    <table>
        <caption>考试成绩表</caption>
        <thead>
            <tr>
                <th>姓名</th>
                <th>语文</th>
                <th>英语</th>
                <th>数学</th>
```

```
            </tr>
        </thead>
        <tbody>
            <tr>
                <td>小明</td>
                <td>80</td>
                <td>80</td>
                <td>80</td>
            </tr>
            <tr>
                <td>小红</td>
                <td>90</td>
                <td>90</td>
                <td>90</td>
            </tr>
            <tr>
                <td>小杰</td>
                <td>100</td>
                <td>100</td>
                <td>100</td>
            </tr>
        </tbody>
        <tfoot>
            <tr>
                <td>平均</td>
                <td>90</td>
                <td>90</td>
                <td>90</td>
            </tr>
        </tfoot>
    </table>
</body>
</html>
```

预览效果如图 14-7 所示。

考试成绩表

姓名	语文	英语	数学
小明	80	80	80
小红	90	90	90
小杰	100	100	100
平均	**90**	**90**	**90**

图 14-7 表格语义化效果

▼ 分析

tfoot 往往是用于统计数据的。thead、tbody 和 tfoot 这 3 个标签，不是全部都常用，例如 tfoot 就很少用。一般情况下，我们都是根据实际需要来使用这 3 个标签的。

此外，thead、tbody 和 tfoot 除了使得代码更具有语义之外，还有另外一个重要的作用：方便分块来控制表格的 CSS 样式。

14.5　表单语义化

表单跟表格，这是两个完全不一样的概念，小伙伴们一定要搞清楚二者的定义。对于表单语义化，我们从以下两个方面来探究。

- ▶ label 标签。
- ▶ fieldset 标签和 legend 标签。

对于图 14-8 所示的效果，我们很可能会使用如下 HTML 代码来实现。

```
<form method="post">
    <div>登录绿叶学习网</div>
    <p>
        <span>账号：</span><input type="text" />
    </p>
    <p>
        <span>密码：</span><input type="password" />
    </p>
    <input type="checkbox" name="remember-me" /><span>记住我</span>
    <input type="submit" value="登录" />
</form>
```

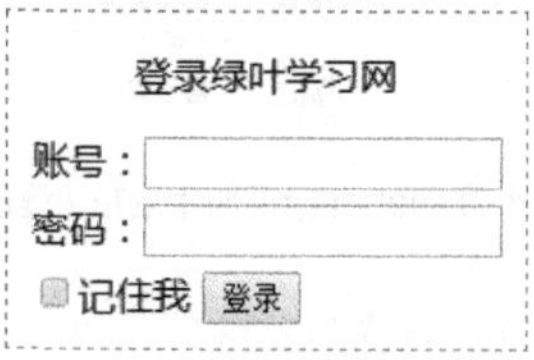

图 14-8　表单效果

14.5.1　label 标签

根据 W3C 标准定义，label 标签用于显示在输入控件旁边的说明性文字。label 标签一般用于将某个表单元素和某段说明文字关联起来。

▌ 语法

```
<label for="">说明性文字</label>
```

▌ 说明

label 标签的 for 属性值为所关联的表单元素的 id，例如 <label for="txt"></label> 表示这个 label 标签跟 id="txt" 的表单元素是关联起来的。

label 标签的 for 属性有两个作用。

- ▶ 语义上绑定了 label 元素和表单元素。
- ▶ 增强了鼠标可用性。也就是说，我们点击 label 中的文本的时候，其所关联的表单元素也会获得焦点。

举例

```
<!DOCTYPE html>
<html>
<head>
    <meta charset="utf-8" />
    <title></title>
</head>
<body>
    <div>
        <input id="rdo1" type="radio"/>单选框
        <input id="cbk1" type="checkbox" />复选框
    </div>
    <hr />
    <div>
        <input id="rdo2" name="rdo" type="radio"/><label for="rdo2">单选框</label>
        <input id="cbk2" name="cbk" type="checkbox" /><label for="cbk2">复选框</label>
    </div>
</body>
</html>
```

预览效果如图 14-9 所示。

图 14-9 label 标签与单选框 / 复选框

分析

从这个例子可以知道，在第 1 组表单中，我们只能点击单选框才能选中单选框，点击它旁边的说明文字是不能将其选中的。但是在第 2 组表单中，我们不仅可以通过点击单选框来选中单选框，通过点击它旁边的说明文字同样也可以选中单选框。而对于复选框来说，也是一样的。

其实，这就是 label 标签 for 属性的作用。for 属性使得鼠标单击的范围扩大到 label 元素上，极大地提高了用户单击的可操作性。事实上，label 标签有两种关联方式，我们拿复选框来说，下面两行代码是等价的。

```
<input id="cbk" type="checkbox" /><label for="cbk">复选框</label>
<label>复选框<input id="cbk" type="checkbox"/></label>
```

对于图 14-8 所示的效果，我们使用 label 标签来增强语义，修改后的代码如下。

```
<form method="post">
    <div>登录绿叶学习网</div>
    <p>
        <label for="name">账号：</label><input id="name" type="text" />
    </p>
    <p>
        <label for="pwd">密码：</label><input id="pwd" type="password" />
```

```
    </p>
    <input id="remember-me" type="checkbox" /><label for="remember-me">记住我</label>
    <input type="submit" value="登录"/>
</form>
```

14.5.2 fieldset 标签和 legend 标签

在表单中，我们还可以使用 fieldset 标签来给表单元素进行分组。其中，legend 标签用于定义某一组表单的标题。

▼ 语法

```
<fieldset>
    <legend>表单组标题</legend>
    ......
</fieldset>
```

▼ 说明

使用 fieldset 和 legend 标签有两个作用。

▶ 增强表单的语义。

▶ 可以定义 fieldset 元素的 disabled 属性来禁用整个组中的表单元素。

对于图 14-8 所示的效果，我们使用 fieldset 和 legend 这两个标签来增强语义，进一步修改后的代码如下。

```
<form method="post">
    <fieldset>
        <legend>登录绿叶学习网</legend>
        <p>
            <label for="name">账号:</label><input id="name" type="text" />
        </p>
        <p>
            <label for="pwd">密码:</label><input id="pwd" type="password" />
        </p>
        <input id="remember-me" type="checkbox" /><label for="remember-me">记住我</label>
        <input type="submit" value="登录"/>
    </fieldset>
</form>
```

预览效果如图 14-10 所示。

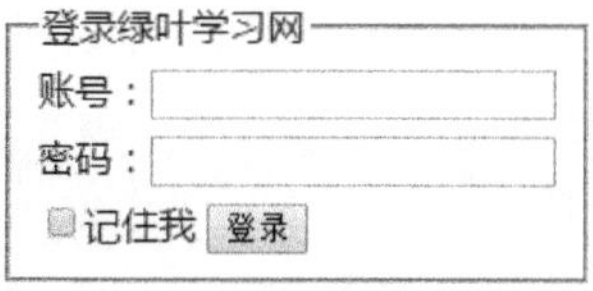

图 14-10　加入 fieldset 和 legend 的表单

▼ 分析

我们可以看到，使用了 fieldset 和 legend 这两个标签之后，表单形成了非常美观的"书签"效果。

14.6 其他语义化

除了前面介绍的标题语义化、图片语义化、表格语义化和表单语义化，本节我们再介绍一些其他语义化。

14.6.1 换行符

很多新手会使用
 标签来换行，或者使用多个
 标签来控制元素之间的上下间距，比如以下代码。

```
<div>
    <span>标题</span><br/>
    <span>第1部分内容</span><br/>
    <span>第2部分内容</span><br/>
    <span>第3部分内容</span>
</div>
```

或者以下代码。

```
<form method="post">
    <fieldset>
        <legend>登录绿叶学习网</legend>
        <label for="name">账号：</label><input id="name" type="text" /><br />
        <label for="pwd">密码：</label><input id="pwd" type="password" /><br />
        <input id="remember-me" type="checkbox" /><label for="remember-me">记住我</label>
        <input type="submit" value="登录" />
    </fieldset>
</form>
```

上面这两个例子使用
 标签的方式是错误的，这也是
 标签最典型的错误用法。事实上，
 标签有自己特定的语义，不能随便用来实现换行效果。

W3C 标准规定，
 标签仅仅用于段落中的换行，不能用于其他情况。也就是说，
 标签只适合用于 p 标签内部的换行，不能用于其他标签。话虽如此，但这也不是什么严格规定，有时候我们在其他地方用也没太大关系。当然了，还是建议小伙伴们遵循规范。

▌ 举例

```
<!DOCTYPE html>
<html>
<head>
    <meta charset="utf-8" />
    <title></title>
</head>
<body>
    <p>广东省<br />广州市<br />黄埔大道西601号</p>
</body>
</html>
```

预览效果如图 14-11 所示。

图 14-11　
 标签的正确用法

14.6.2　无序列表 ul

在实际开发中，对于列表型的数据，为了良好的语义，我们还是建议使用无序列表或者有序列表，不建议使用 div 等来实现。

对于图 14-12 所示的效果，不少新手很可能会写出如下代码来实现。(这里只针对 HTML 部分)

```
<div>
    <div><span>1</span>HTML教程</div>
    <div><span>2</span>CSS教程</div>
    <div><span>3</span>JavaScript教程</div>
</div>
```

图 14-12　列表效果

这种实现方式缺乏语义化，并且也不利于维护。正确的做法如下。

```
<ul>
    <li><span>1</span>HTML教程</li>
    <li><span>2</span>CSS教程</li>
    <li><span>3</span>JavaScript教程</li>
</ul>
```

也许有人会问："每一个列表项前都有数字，不是应该使用有序列表来实现吗？为什么这里使用无序列表来实现呢？"事实上，即使使用有序列表，我们也是做不到图 14-12 所示的外观效果的。因为有序列表前的数字外观是固定的。在实际开发中，大多数情况下还是使用无序列表，极少情况下会使用有序列表，如图 14-13、图 14-14 和图 14-15 所示。

图 14-13　百度页面中的无序列表

图 14-14　淘宝页面中的无序列表

图 14-15　腾讯网的无序列表

14.6.3　strong 标签和 em 标签

strong 用于实现加粗文本，em 用于实现斜体文本，如图 14-16 所示。基于结构和样式分离的原则，如果仅仅是为了简单的加粗和斜体效果，我们并不建议使用 strong 和 em 来实现，而应该使用 span 来实现。这是为什么呢？

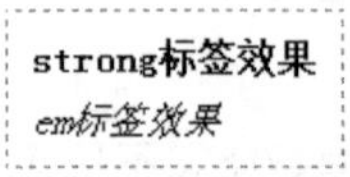

strong标签效果

em标签效果

图 14-16　strong 和 em 标签效果

因为 W3C 对这两个标签赋予"强调"的语义，所以在 strong 或者 em 标签内部的文本被强调为重要文本，并且搜索引擎对这两个标签也赋予了一定的权重。如果在一个页面中，为了搜索引擎优化而想要突出某些关键字，可以使用 strong 和 em 这两个标签。

▼ 举例

```
<!DOCTYPE html>
<html>
<head>
    <meta charset="utf-8" />
    <title></title>
    <style type="text/css">
        strong{font-weight:normal;}
```

```
    </style>
</head>
<body>
    <p><strong>绿叶学习网</strong>，给你初恋般的感觉。</p>
</body>
</html>
```

预览效果如图 14-17 所示。

> 绿叶学习网，给你初恋般的感觉。

图 14-17　strong 标签效果

▌ 分析

在上面的例子中，由于我们使用了 strong 标签套着"绿叶学习网"这几个字，因此搜索引擎会给予"绿叶学习网"这个关键字一定的权重。虽说 strong 标签可以提升某一个关键字的权重，但是不要滥用，否则也会被搜索引擎视为作弊。

一般情况下，我们都是去掉 strong 和 em 的默认样式，然后使用 CSS 重新定义标签的样式，但这并不影响这两个标签的语义。也就是说，样式只会改变标签的外观，并不会改变标签的语义。

14.6.4　del 标签和 ins 标签

在 HTML 中，del 和 ins 是配合使用的。del 表示 delete，用于定义被删除的文本；ins 表示 insert，用于定义被更新的文本。一般情况下，我们会使用 CSS 来重新定义 del 和 ins 标签的样式。

▌ 举例

```
<!DOCTYPE html>
<html>
<head>
    <meta charset="utf-8" />
    <title></title>
</head>
<body>
    <p>新鲜的新西兰奇异果</p>
    <p><del>原价：￥6.50/kg</del></p>
    <p><ins>现在仅售：￥4.00/kg</ins></p>
</body>
</html>
```

预览效果如图 14-18 所示。

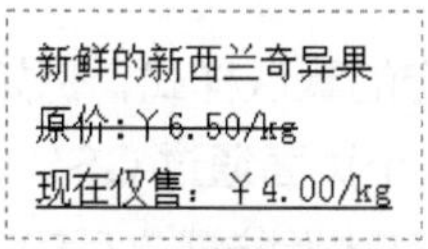

> 新鲜的新西兰奇异果
> 原价：￥6.50/kg
> 现在仅售：￥4.00/kg

图 14-18　del 标签和 ins 标签效果

14.6.5　img 标签

如果要在页面显示一张图片，我们有两种方式：使用 img 标签，或者使用背景图片。这两种实现方式最明显的区别在于：使用 img 标签添加图片，是通过 HTML 来实现的；而使用背景图片，是通过 CSS 来实现的。

在实际开发中，很多人添加图片的方式很随意。对于什么时候使用 img 标签，什么时候使用背景图片，我们应该根据 HTML 的语义来判断。如果图片作为 HTML 的一部分，并且希望被搜索引擎识别以便获取一定的权重的话，应该使用 img 标签，比如常见的各种图片列表。如果图片仅仅是起了修饰作用，并且不想被搜索引擎识别，则应该使用背景图片。

举个例子，如图 14-19 所示的页面中，图标图片就应该使用背景图片实现，因为这些图标并不需要被搜索引擎识别，也不是 HTML 的一部分。而图 14-20 所示的页面，则应该使用 img 标签来实现，因为这是页面 HTML 结构的一部分，并且希望被搜索引擎识别。

图 14-19　背景图片实现的效果

图 14-20　img 标签实现的效果

以上只是列举了在实际开发中比较常见的语义标签，其实 HTML5 新增了很多结构语义标签，例如 header、nav、aside、footer、article 和 section 等。如果想要实现语义更为良好的页面，我们也应该去关注这些新增的标签。不过，结构语义标签是 HTML5 的内容，我们在 HTML5 的相关教程中再进行详细介绍。

14.7　语义化验证

从前面的内容中我们知道，可以使用一个标签来代替另外一个标签，并且使用 CSS 进行修饰来实现相同的效果。也就是说，不同的 HTML 标签可以通过不同的 CSS 实现相同的效果。

那应该怎样去判断一个页面的语义是否良好呢？一个简单的办法就是：去掉 CSS 样式，然后看页面是否还具有很好的可读性。

我们都知道，HTML 标签都有一定的默认样式，例如 p 标签有上下边距、strong 标签对字体加粗、ul 标签有缩进效果等。虽然两个页面通过 CSS 修饰之后，效果是一样的，但是一个语义良好的页面，跟一个语义不好的页面在去除样式之后的表现，却是截然不同的，如图 14-21 和图 14-22 所示。

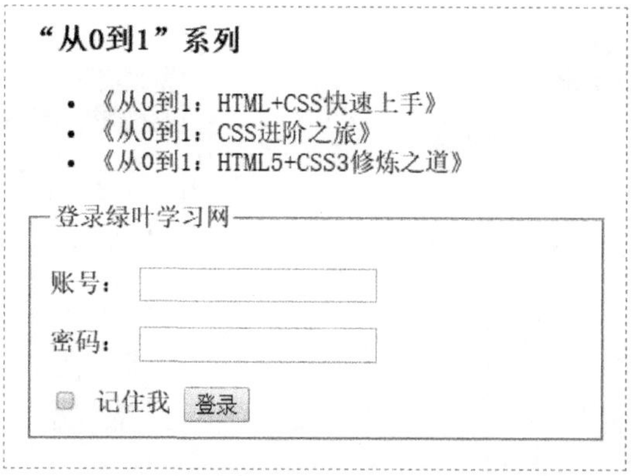

"从0到1"系列

- 《从0到1：HTML+CSS快速上手》
- 《从0到1：CSS进阶之旅》
- 《从0到1：HTML5+CSS3修炼之道》

┌─ 登录绿叶学习网 ─────────────
│
│ 账号：[   ]
│
│ 密码：[   ]
│
│ ☐ 记住我 [登录]
└──────────────────────────

图14-21 语义良好的页面去掉样式后的表现

"从0到1"系列
《从0到1：HTML+CSS快速上手》
《从0到1：CSS进阶之旅》
《从0到1：HTML5+CSS3修炼之道》
登录绿叶学习网
账号：
密码：[   ]
☐ 记住我 [登录]

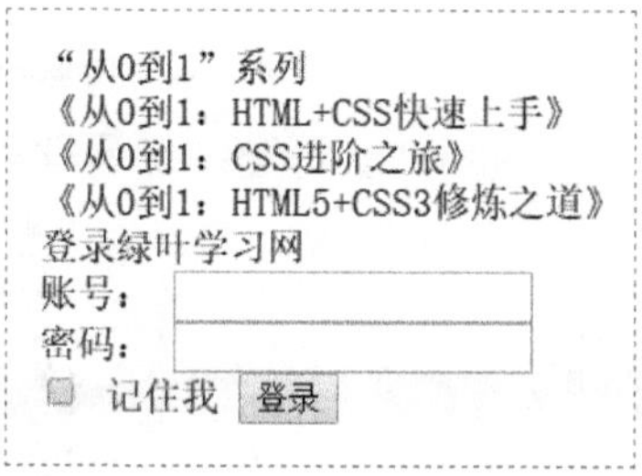

图14-22 语义不好的页面去掉样式后的表现

从图14-21和图14-22中可以看出：一个语义良好的页面在"CSS裸奔"之后，可读性也是非常高的。想要查看一个页面在"CSS裸奔"下的效果，我们可以使用Firefox浏览器的一款网页调试插件"Web Developer"来测试。至于怎么安装Web Developer，大家搜索一下就知道了。

安装完成后，在Web Developer的工具栏中依次找到【CSS】→【Disable Styles】→【Disable All Styles】，就可以查看去掉样式后的页面效果，如图14-23所示。

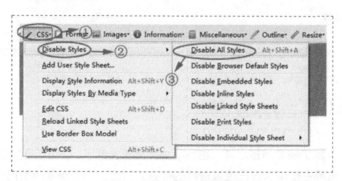

图14-23 Web Developter界面

下面我们使用Web Developer来查看一下绿叶学习网和W3C官网在"CSS裸奔"的情况下的效果，如图14-24和图14-25所示。从中我们也可以看出，这两个网站的HTML义化结果语很好，即使在"CSS裸奔"的情况下仍具备不错的表现效果。

绿叶学习网

- 首页
- 站长的书
- 前端入门
- 前端进阶
- 网站设计
- 在线工具
- 常用下载
- 绿叶论坛

工具手册

- HTML5参考手册
- CSS3参考手册
- JavaScript参考手册
- jQuery参考手册
- Bootstrap参考手册
- vscode下载
- Hbuilder下载
- Photoshop系列下载

站长新书

HTML和CSS进阶

- HTML
- CSS
- JavaScript
- jQuery
- CSS3
- 正则

图 14-24   绿叶学习网无 CSS 页面   图 14-25   W3C 官网无 CSS 页面

14.8 HTML5 舍弃的标签

在 HTML5 中，除了新增标签之外，也有不少标签被舍弃了。为了实现页面的语义化，我们在实际开发中不应该再去使用这些已经被舍弃的标签。因此，了解哪些标签已经被舍弃是非常有必要的，如表 14-2 和表 14-3 所示。

这些被舍弃的标签，总体可以分为两大类。

▸ 仅仅为了定义样式，没有任何语义，因此被舍弃。

▸ 很少使用或者已经被新标签代替，因此被舍弃。

表14-2　HTML5舍弃的标签（仅为了定义样式）

标签	说明
basefont	定义页面文本的默认字体、颜色或尺寸
big	定义大字号文本
center	定义文本居中
font	定义文本的字体样式
strike	定义删除线文本
s	定义删除线文本
u	定义下划线文本

表14-3　HTML5舍弃的标签（很少使用或者已被新标签代替）

标签	说明
dir	定义目录列表，应该用 ul 代替
acronym	定义首字母缩写，应该用 abbr 代替
applet	定义嵌入的 applet，应该用 object 代替
isindex	定义与文档相关的可搜索索引
frame	定义 frameset 中的一个特定的框架
frameset	定义一个框架集
noframes	为那些不支持框架的浏览器显示文本

对于 HTML 语义化，我们需要注意以下两点。

▶ 我们应该果断舍弃那些仅仅是为了定义样式而存在的 HTML 标签。如果仅仅是为了改变样式，我们应该使用 CSS 来实现，不应该使用 HTML 标签。

▶ 在不同的页面部分，我们优先使用正确的语义化标签。如果没有语义化标签可用，才去考虑 div 和 span 等无语义标签。

至此，HTML 进阶内容就介绍完了。之前有些小伙伴就跑来问过我："HTML 进阶就这么点东西？HTML 进阶不包含 HTML5 的内容吗？"

之前我们也说过了，HTML 指的是 HTML4.01，因此 HTML 进阶的内容也只是针对 HTML4.01 来介绍的。对于 HTML 来说，最重要的就是掌握语义化，就这么简单。对于哪个知识点属于入门，哪个属于进阶，这个是我考虑到大多数人的学习情况来划分的。

其次，准确来说，HTML5 一般指的是相对于 HTML "新增加的内容"。HTML5 已经不再是单纯的标签了，它新增的大多数技术都是借助 JavaScript 来操作的。HTML5 的内容过多，根本就不是一两本书能够介绍得完的，感兴趣的小伙伴可以关注本系列的《从 0 到 1: HTML5+CSS3 修炼之道》和《从 0 到 1: HTML5 Canvas 动画开发》。

附录 2
前端面试题

前端面试题

看到这里，相信小伙伴们在学习的道路上已经走了很远了。不过，对于前端面试，我还是有以下几点要跟大家说一下。

▶ 这套前端面试题，主要是针对 HTML 和 CSS 的，关于 HTML5、CSS3 和 JavaScript 等方面的知识，小伙伴们可以关注本系列的其他图书。

▶ 整本书的内容可以说都是考点，没有一个是多余的，大家尽量把每一个知识点都理解透。

▶ 本套前端面试题也涉及 HTML 进阶的内容，建议小伙伴们先看一下"附录 1：HTML 进阶"。

▶ 这些前端面试题全部来自百度、阿里、腾讯、美团等"大厂"，覆盖了 80% 以上的 HTML 和 CSS 的相关考点。

▶ 问答题都是比较开放的，小伙伴们只要回答关键点就可以了，没必要死记硬背，大多数面试官都是比较开明的。

▶ 为了帮助小伙伴们更好地准备，我还将所有题目顺序打乱，另外做成一个空白试卷，小伙伴们可以下载自测。（具体下载方式见本书前言）

选择题

1. 在 CSS 样式中，优先级最高的是（   ）。

A. id 选择器 　　　　　B. class 选择器 　　　　　C. 行内样式 　　　　　D. !important

答案：D

请记住，!important 的优先级是最高的，比行内样式还要高。小伙伴们可以自己写个小例子测试一下。

在上面的选项中，优先级顺序应该为：!important > 行内样式 > id 选择器 > class 选择器。

2. 下面有关 div 和 span 的说法中，不正确的是（   ）。

A. div 是 block 元素，span 是 inline-block 元素

B. div 和 span 都是无语义的元素

C. div 和 span 往往都用于配合 CSS 来修饰元素

D. 优先使用其他语义化元素，尽量少用 div 和 span

答案：A

div 是 block 元素，span 是 inline 元素。

3. 下面关于 CSS 规范的说法中，不正确的是（　　　）。

A. 一般情况下，我们都是使用 class 属性，对于页面关键的结构，才建议使用 id 属性

B. 对于 id 和 class 的命名，我们应该使用英文命名而不是拼音命名

C. 在实际开发中，我们一般使用 *{padding:0;margin:0} 来重置样式

D. 良好的注释规范对于可读性是非常重要的

答案：C

在测试的时候，我们可以使用 *{padding:0;margin:0} 来重置样式；在实际开发中，我们一般使用 reset.css 来重置样式。

4. 根据下面这一段代码，div 最终的颜色是（　　　）。

```
<!DOCTYPE html>
<html>
<head>
    <title></title>
    <style type="text/css">
        #lvye{color:red;}
        .lvye{color:green;}
        div{color:blue;}
        div#lvye{color:purple;}
        div.lvye{color:orange;}
    </style>
</head>
<body>
    <div id="lvye" class="lvye">绿叶学习网</div>
</body>
</html>
```

A. red B. green C. blue D. purple

答案：D

CSS 优先级、权重计算这类题，在前端面试中出现的概率极高，小伙伴们一定要把"1.4 CSS 优先级"这一节吃透。

5. 下面哪个样式定义后，行内元素（比如 a、span 等）可以定义宽度和高度。（　　　）（多选）

A. display:inline; B. display:inline-block;

C. float:left; D. position:absolute;

答案：BCD

float:left; 和 position:absolute; 都会将元素转换为块元素（即 block 元素）。

block 元素和 inline-block 元素都可以定义宽度和高度，但是 inline 元素不可以。

6. 想要定义一个外边距样式，其中上外边距 10px、下外边距 5px、左外边距 20px、右外边距 1px，那么正确的写法应该是（　　　）。

A. margin:10px 5px 20px 1px; B. margin:5px 10px 1px 20px;

C. margin:10px 1px 5px 20px; D. margin:10px 20px 5px 1px;

答案：C

margin、padding 这几个属性的 4 个方向值，是按顺时针方向来书写的，即上、右、下、左。

7. 下面关于 CSS 单位的说法中，正确的是（   ）。

    A. rem 是相对于父元素 font-size 的相对单位

    B. em 是相对于根元素（html）font-size 的相对单位

    C. px 是相对于屏幕分辨率来计算的

    D. 百分比是相对于父元素对应属性的值来计算的

    答案：C

    A 选项，rem 是相对于根元素（html）font-size 的相对单位。

    B 选项，em 是相对于父元素 font-size 的相对单位。

    D 选项，百分比不一定是相对于父元素对应属性的值来计算的，比如 line-height 的百分比是相对于当前元素的 font-size 值来计算的。

8. 下面一段代码中子元素 padding-bottom 属性中的 "10%" 是怎么计算的？（   ）

```html
<!DOCTYPE html>
<html>
<head>
    <meta charset="utf-8">
    <title></title>
    <style type="text/css">
        #father
        {
            width:200px;
            height:160px;
            border:1px solid red;
        }
        #son
        {
            width:100px;
            height:80px;
            border:1px solid blue;
            padding-bottom:10%;
        }
    </style>
</head>
<body>
    <div id="father">
        <div id="son"></div>
    </div>
</body>
</html>
```

    A. 父元素宽度的 10%　　　　　　B. 父元素高度的 10%

    C. 自身宽度的 10%　　　　　　　D. 自身高度的 10%

    答案：A

    padding 属性 4 个方向值的百分比是相对于父元素 width 来计算的，我们运行上面的代码，从控制台可以很清楚地看出子元素 padding-bottom 的值为 20px，也就是父元素 width 值的 10%，如下图所示。

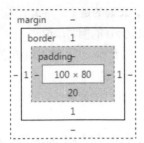

9. 下面有一段 HTML 代码，其中只能选中第一个 p 元素的是（　　　）。（多选）

```
<!DOCTYPE html>
<html>
<head>
    <meta charset="utf-8">
    <title></title>
</head>
<body>
    <div></div>
    <p></p>
    <p></p>
    <p></p>
</body>
</html>
```

　　A. div+p{}　　　B. div~p{}　　　C. p:first-of-type{}　　　D. p:first-child{}
答案：AC
　　:first-of-type 和 :first-child 这两个是 CSS3 新增的伪类选择器，建议小伙伴们先去学习一下 CSS3 的内容。

10. 对于 a 标签来说，想要在新窗口打开一个页面，应该使用哪个值？（　　　）
　　A. _self　　　B. _blank　　　C. _top　　　　　　D. _parent
答案：B
　　想要在新窗口打开一个页面，a 标签的 target 属性取值应该定义为 _blank。

11. 下面有关行内元素（即 inline 元素）的说法中，不正确的是（　　　）。
　　A. 行内元素内部可以容纳其他行内元素
　　B. 行内元素无法定义宽度和高度
　　C. 行内元素无法定义 margin
　　D. 行内元素可以与其他行内元素位于同一行
答案：C
　　C 选项，行内元素也是可以定义 margin 的，不过只能定义 margin-left 和 margin-right，不能定义 margin-top 和 margin-bottom。

12. 下面有关元素类型的说法中，不正确的是（　　　）。
　　A. img 是 inline 元素
　　B. input 是 inline-block 元素
　　C. table-cell 类型的元素具有 td 元素的特点

D.　display:none; 的元素被隐藏后，不会占据原来的位置

答案：A

A 选项，img 是 inline-block 元素。一定要记住，img 和 input 两个元素比较特殊，它们都是 inline-block 元素。

13.　下面关于 HTML 语义化的说法中，正确的是（　　　　）。

　　A.　div 和 span 都是无语义的标签

　　B.　可以使用 div 来代替 h1~h6

　　C.　img 标签的 alt 和 title 两个属性的功能是一样的

　　D.　表格布局方式已经被抛弃了，我们没必要再去学习表格

答案：A

B 选项，HTML 语义化的目的在于把标签用在对的地方，所以不能随便用某一个标签代替另外一个标签。

C 选项，alt 和 title 的功能是不一样的，alt 提供的描述文字是给搜索引擎看的，title 提供的描述文字是给用户看的。

D 选项，虽然表格布局方式已经被抛弃了，但这并不说明表格就一无是处了。对于表格形式的数据，最好还是使用 table 元素来实现。

14.　下面关于百分比这个 CSS 单位的说法中，不正确的是（　　　　）。

　　A.　width 的百分比是相对于父元素 width 值来计算的

　　B.　line-height 的百分比是相对于父元素的 font-size 值来计算的

　　C.　vertical-align 的百分比是相对于当前元素的 line-height 值来计算的

　　D.　padding 的百分比是相对于父元素的 width 值来计算的

答案：B

B 选项，line-height 的百分比是相对于"当前元素"的 font-size 值来计算的。最后，我们总结一下 CSS 属性的百分比，如下表所示。

CSS 属性的百分比

属性	百分比
width	相对于父元素的 width 值来计算
height	相对于父元素的 height 值来计算
padding	相对于父元素的 width 值来计算
margin	相对于父元素的 width 值来计算
line-height	相对于当前元素的 font-size 值来计算
vertical-align	相对于当前元素的 line-height 值来计算
left 或 right	相对于包含块的 width 值来计算
top 或 bottom	相对于包含块的 height 值来计算

上面这个表非常重要，小伙伴们尽量将每一个属性的百分比都用一个小例子测试一下，这样可以更好地帮助你理解和记忆。

15.　如果一个页面上需要同时有多种语言，那么该页面应使用什么编码格式呢？（　　　　）

　　A.　utf-8　　　　　　　　B.　ASCII　　　　　　　　C.　gb2312　　　　　　　　D.　gbk

答案: A

常见的网页编码格式有两种: utf-8 和 gb2312。

utf-8 是国际编码, 通用性强; gb2312 是简体中文字符集。因此, 对于一个多语言的页面, 最好的方式就是使用 utf-8 编码格式来实现。

16. 在 CSS 中, position 属性的默认取值是 (　　　)。

A. static　　　　　　　　B. relative　　　　　　　C. absolute　　　　　D. fixed

答案: A

position 属性的默认值是 static, 而不是 relative, 不少小伙伴还是容易搞错。

17. 下面关于 CSS 优化的说法中, 不正确的是 (　　　)。

A. color:#666666 可以简写为 color: #666

B. font-size:0.5em 可以简写为 font-size: .5em

C. 每一个样式规则 {} 中的最后一个分号都可以省略

D. background:url("img/test.png") 中的引号不可以省略

答案: D

在 CSS 中, background、cursor 等属性 url() 中的路径可以加引号, 也可以不加引号。

18. 下面关于选择器的说法中, 正确的是 (　　　)。

A. 浏览器解析选择器的规则是从左到右

B. class 选择器的匹配效率比 id 选择器高

C. 避免使用后代选择器, 尽量少用子选择器

D. 最左边的选择器, 被称为关键选择器

答案: C

A 选项, 浏览器解析选择器的规则是"从右到左"的。

B 选项, 匹配效率: id 选择器 > class 选择器 > 元素选择器。

D 选项, 最右边的选择器, 被称为关键选择器。

19. 下面一段代码中性能最高的选择器是 (　　　)。

```
<!DOCTYPE html>
<html>
<head>
    <meta charset="utf-8">
    <title></title>
</head>
<body>
    <div id="wrapper">
        <div id="father" class="father">
            <div id="son" class="son"></div>
        </div>
    </div>
</body>
</html>
```

A. .father .son{}　　　B. .son{}　　　C. #father #son{}　　　D. #son{}

答案: D

　　浏览器解析选择器的规则是从右到左的，而 id 选择器在整个页面具有唯一性，因此性能最高的应该是 #son{}。

20.　下面一段代码中 son 元素的包含块是（　　　）。

```
<!DOCTYPE html>
<html>
<head>
    <meta charset="utf-8" />
    <title></title>
    <style type="text/css">
        .grandfather{position:relative;}
        .son{position:absolute;}
    </style>
</head>
<body>
    <div class="grandfather">
        <div class="father">
            <div class="son"></div>
        </div>
    </div>
</body>
</html>
```

　　A.　根元素（即 html）　　　B.　body 元素　　C.　grandfather 元素　　　D.　father 元素

　　答案：C

　　如果元素的 position 属性为 static 或 relative，那么它的包含块是离它最近的块级祖先元素创建的。因此在上面这个例子中，son 元素的包含块应该是 grandfather 元素，而不是 father 元素。

问答题

1.　什么是"渐进增强"和"优雅降级"？

▶ 渐进增强。

先针对低版本浏览器构建页面，保证最基本的功能，然后再针对高版本浏览器进行功能的追加、交互的改进等，以便达到更好的用户体验。

▶ 优雅降级。

先针对高版本浏览器构建完整的页面，然后再针对低版本浏览器兼容处理。

2.　怎么区分一个页面是静态页面，还是动态页面？

不是"会动"的页面就叫动态页面，静态页面和动态页面的区别在于：是否与服务器进行数据交互。

3.　HTML、XHTML 和 HTML5 有什么区别？

HTML 的书写比较松散，而 XHTML 的书写比较严格，比如标签必须闭合、属性必须小写、属性必须用引号等。HTML5 是下一代的 HTML，它已经不再是单纯意义上的标签了，因为它新增了大量的新技术，比如元素拖放、文件操作、本地存储、离线应用、多线程处理、Canvas 等。

　　一句话概括 HTML、XHTML 和 HTML5 就是：HTML 指的是 HTML4.01，XHTML 是 HTML 的过渡版，HTML5 是 HTML 的升级版。

4. HTML 顶部中 <!DOCTYPE> 的作用是什么?

<!DOCTYPE> 位于 HTML 文档中的第一行,用于告知浏览器应该以什么文档标准来解析这个文档。在 HTML5 中,我们只需要这样写就可以了。

```
<!DOCTYPE html>
```

5. 简单说一下你对 HTML 语义化的理解。

▶ HTML 语义化可以提高代码的可读性,便于开发调试和后期维护。

▶ 搜索引擎通过 HTML 标签来识别页面的结构,HTML 语义化可以更好地实现搜索引擎优化(即 SEO)。

6. 块级元素有哪些? 行内元素有哪些? 空元素有哪些?

对于这个问题的答案,随便写出常见的几种就可以了,当然最好是能把 HTML5 新增元素也列出来。其中,空元素就是我们所说的自闭合元素。

▶ 块级元素: div、p、ul、ol、h1~h6 等。

▶ 行内元素: strong、em、span、a 等。

▶ 空元素: meta、link、hr、br、img、input 等。

7. label 元素的作用是什么? 具体是怎么使用的?

label 元素用于将某个表单元素和某段说明文字关联起来,它主要有两个方面的作用。

▶ 从语义上绑定了 label 元素和表单元素。

▶ 增强了鼠标可用性,使得我们单击 label 中的文本时,其所关联的表单元素也会获得焦点。

label 元素有两种用法,实现代码如下。

```
<!--方式1-->
<label for="txt">账号:</label><input id="txt" type="text" />
<!--方式2-->
<label>账号:<input id="txt" type="text"/></label>
```

8. 说一下 h1 与 title、strong 与 b、em 与 i,3 组标签之间的区别。

▶ h1 与 title。

title 定义的是地址栏的标题,h1 表示的是文章的标题,如下图所示。

▶ strong 与 b。

strong 是一个有语义的标签,用来加粗文本,带有强调的语义,搜索引擎会赋予一定的权重。b 是一个无语义的标签,仅仅用来加粗文本。为了 HTML 语义化,我们应该使用 strong,而不是 b。

▶ em 与 i。

em 是一个有语义的标签，使得文本变成斜体，带有强调的语义，搜索引擎会赋予一定的权重。i 是一个无语义的标签，仅仅使得文本变成斜体。为了 HTML 语义化，我们应该使用 em，而不是 i。

9. img 标签中的 alt 和 title 这两个属性有什么区别？

alt 属性用于描述图片，这个描述文字是给搜索引擎看的。当图片无法显示时，页面会显示 alt 中的文字。

title 属性也是用于描述图片的，不过这个描述文字是给用户看的。当鼠标指针移到图片上时，图片会显示 title 中的文字。

10. 页面导入样式时，使用 link 和使用 @import 有什么区别呢？

页面代码是从上到下进行渲染的，如果使用 link 方式，会先加载 CSS 后加载 HTML。如果使用 @import 方式，会先加载 HTML 后加载 CSS。

如果 HTML 在 CSS 之前加载，页面用户体验就会非常差，因此一般情况下，我们只会用 link 方式，而不是 @import 方式。

11. 哪些 CSS 属性可以继承，哪些不可继承？请列举几个。

这个题目主要考察大家对 CSS 继承性的了解，对于哪些 CSS 属性可以继承，哪些不可以继承，我们不用全部都记住，但对常见的属性一定要熟悉。

▶ 可以继承的属性：font-family、font-size、font-weight、color 等。
▶ 不可继承的属性：width、height、padding、margin、border 等。

12. 为什么要初始化 CSS 样式？

在不同的浏览器中，有些标签的默认样式是不一样的。如果没有对 CSS 进行初始化，往往会出现浏览器之间的页面显示差异。

初始化 CSS 样式，可以使 HTML 元素具有相同的初始样式，然后再对元素进行统一定义，这样就可以让页面在不同的浏览器中产生相同的效果。

13. 请简单说一下 px 和 em 的区别。

px 是相对于屏幕分辨率而言的，不过一般来说，可以将其看成是固定的。em 是相对于当前元素的 font-size 而言的，1em 等于"当前元素"的 font-size 值。

14. 简述一下 src 与 href 的区别。

src 是 source 的缩写，表示来源地址，在 img、script、iframe 等元素上使用。src 引入的内容，会插入到当前元素的位置，它是页面必不可少的内容。

href 是 Hypertext Reference 的缩写，表示超文本引用，在 a、link 等元素上使用。href 引入的内容，并不会插入到当前元素的位置，仅仅表示在当前文档和引用资源之间建立联系。

15. 请详细说一下 inline 元素和 inline-block 元素的区别。（不需要说相同点）

▶ inline 元素无法定义宽度和高度，但是 inline-block 元素可以。
▶ inline 元素只能定义 margin-left 和 margin-right，不能定义 margin-top 和 margin-bottom，而 inline-block 元素可以定义 4 个方向的 margin。

16. 什么是外边距叠加？

外边距叠加，指的是当两个垂直外边距相遇时，这两个外边距将会合并成一个外边距，即"二变一"。其中，叠加之后的外边距高度，等于发生叠加之前的两个外边距中的最大值。

17. 请画出 CSS 盒子模型，并标明 width、height、border、padding、margin 的位置。

按要求画出 CSS 盒子模型，并进行标注，如下图所示。

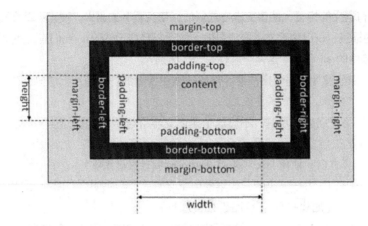

18. display 属性的常见取值有哪些？并说明一下它们的作用。

display 属性的取值有很多，常见的如下表所示。

display 属性取值

属性值	说明
inline	将元素转化为行内元素
block	将元素转化为块元素
inline-block	将元素转化为行内块元素
table	将元素转化为表格元素
table-cell	将元素转化为单元格元素

19. display:none 和 visibility:hidden 二者有什么区别？

display:none 的元素被隐藏之后，不占据原来的位置。visibility:hidden 的元素被隐藏之后，还会占据原来的位置。

从搜索引擎优化的角度来看，display:none 隐藏的内容是不会纳入权重的考虑范围内的。

20. inline-block 元素之间产生空隙的原因是什么？怎么去除空隙？

产生原因：HTML 代码中的换行、空格、Tab 等空白符，在字体大小不为 0 的情况下，会占据一定宽度，因此使用 inline-block 会产生一定的空隙。

解决办法：为父元素定义 font-size:0。

21. position 属性都有什么取值？各个取值都是相对于什么来定位的？

在 CSS 中，position 属性有 4 个取值：static、fixed、relative、absolute。各个取值的定位对象如下表所示。

position 属性取值

属性	说明
static	静态定位，元素出现在正常文档流中（默认值）
fixed	固定定位，相对于浏览器窗口定位
relative	相对定位，相对于元素初始位置定位
absolute	绝对定位，相对于值不为 static 的祖先元素定位

22.　使用纯 CSS 来实现一个三角形的原理是什么？

元素的宽度和高度都定义为 0，border 设置得足够大，并且使用 transparent 值把 3 个方向的边框隐藏掉。

举个简单的例子。

```
div
{
    width:0;
    height:0;
    border-width:20px;
    border-style:solid;
    border-color:red transparent transparent transparent;
}
```

23.　请简化下面的 CSS 代码。

```
.article
{
    margin-top:10px;
    margin-right:20px;
    margin-bottom:30px;
    margin-left:40px;
    font-size:14px;
    line-height:14px;
    text-indent:2em;
    color:red;
}
.column
{
    margin-top:15px;
    margin-right:25px;
    margin-bottom:35px;
    margin-left:45px;
    font-size:14px;
    line-height:14px;
    text-indent:2em;
    color:blue;
}
```

简化后的代码如下。

```
.article,.column
{
    font-size:14px;
    line-height:14px;
    text-indent:2em;
}
.article
{
    margin:10px 20px 30px 40px;
    color:red;
```

```
}
.column
{
    margin:15px 25px 35px 45px;
    color:blue;
}
```

24. 清除浮动都有哪些方式？每个方式都有哪些优缺点？在实际开发中，采用哪一种？

常见的清除浮动的方式有 3 种：clear:both、overflow:hidden、::after 伪元素。

▶ clear:both。

这种方式需要多增加一个无意义的标签。

▶ overflow:hidden。

这种方式虽然不会增加多余的标签，但是会隐藏超出父元素的内容部分。

▶ ::after 伪元素。

这种方式不会增加多余的标签，也不会隐藏超出父元素的内容部分。其中，完整的实现代码如下。

```
.clearfix{*zoom:1;}
.clearfix::after
{
    clear:both;
    content:"";
    display:block;
    height:0;
    visibility:hidden;
}
```

在实际开发中，我们应该采用 ::after 伪元素这种方式来清除浮动。

25. 如何实现块元素的水平居中和垂直居中？

▶ 水平居中。

定义一个宽度，然后使用 margin:0 auto;，实现代码如下。

```
div
{
    width:100px;
    margin:0 auto;
}
```

▶ 垂直居中。

父元素定义 position:relative，当前元素定义 position:absolute，实现代码如下。

```
父元素
{
    position:relative;
}
当前元素
{
    position:absolute;
    top:50%;
```

```
        left:50%;
        margin-top:"当前元素height值一半的负值"
        margin-left:"当前元素width值一半的负值"
}
```

26. 实现两列布局，其中左栏宽度固定为 100px，而右栏宽度为自适应。

对于两列布局，如果一列宽度固定，另外一列宽度自适应，我们都是使用负 margin 来实现的，代码如下。

```
#left, #right{float: left;}
#left
{
        width:100px;
}
#right
{
        width:100%;
        margin-left:-100px;
}
```

27. 如果想要触发（或创建）BFC，应该怎么做？

如果一个元素具备以下任何条件，则该元素都会创建一个新的 BFC。

▶ float 的值不为 none。

▶ position 的值不是 static 和 relative。

▶ overflow 的值不是 visible。

▶ display 的值为 inline-block、table-cell、table-caption 中的任何一个。

28. BFC 都有什么特点？简单说一下。

在 CSS 中，BFC 有以下 6 个方面的特点（尽量多回答）。

▶ 在一个 BFC 内部，盒子会在垂直方向上一个接着一个排列。

▶ 在一个 BFC 内部，相邻的 margin-top 和 margin-bottom 会叠加。

▶ 在一个 BFC 内部，每一个元素的左外边界会紧贴着包含盒子的容器的左边，即使存在浮动也是如此。

▶ 在一个 BFC 内部，如果存在内部元素是一个新的 BFC，并且存在内部元素是浮动元素，则该 BFC 的区域不会与 float 元素的区域重叠。

▶ BFC 就是页面上的一个隔离的盒子，该盒子内部的子元素不会影响外面的元素。

▶ 计算一个 BFC 的高度时，其内部浮动元素的高度也会参与计算。

29. 为什么一般推荐将 CSS 中的 <link> 放置在 <head></head> 之间，而将 JavaScript 中的 <script> 放置在 </body> 之前？你知道有哪些例外吗？

浏览器是从上到下来解析一个页面的，如果外部 CSS 文件放到 <body></body> 中，那么浏览器就会先解析 HTML，再解析 CSS。此时用户看到的是一个没有样式的页面，这样的用户体验是非常差的。因此，CSS 中的 <link> 都是放置在 <head></head> 之间。

对于外部 JavaScript 文件，如果放到页面的顶部，那么浏览器就会先解析 JavaScript，然后再去解析 CSS。如果外部 JavaScript 文件过大，那么页面渲染和交互都会被阻塞，所以 JavaScript 中的 <script> 应该放在 </body> 之前。

至于例外的话，如果希望在 DOM 加载前就执行外部 JavaScript 文件，此时 <script> 应该放置在 <head></head> 中，而对于加了 defer、async 的 <script> 也可以放到 head 标签内。

30. 常见的浏览器内核有哪些？都有哪些浏览器采用这些内核？

浏览器有 4 大内核分别是：Webkit、Gecko、Trident 和 Blink，对应的浏览器如下表所示。

常见内核对应的浏览器

内核	浏览器
Webkit	Chrome、Safari
Gecko	Firefox
Trident	IE 系列
Blink	Opera、Chrome

这里要更正一点，有些地方说 Opera 的内核是 Presto，其实这个说法是不准确的。准确来说，Opera 以前的内核是 Presto，现在采用的内核是 Blink。

此外，Blink 内核是谷歌研发的，因此现在有些版本的 Chrome 也在使用 Blink 作为内核。

31. 说一下你对浏览器引擎的理解。

浏览器引擎分为两部分，分别是"渲染引擎"和"JS 引擎"。最开始的时候，渲染引擎和 JS 引擎并没有明确的区分，后来 JS 引擎越来越独立，浏览器引擎就倾向于仅指渲染引擎了。

▶ 渲染引擎。

负责取得页面的内容（HTML、XML、图片等）、整理信息（比如引入 CSS）以及计算页面的显示方式，最后输出到显示器或打印机。

▶ JS 引擎。

负责解析 JavaScript 代码来实现页面的动态效果。

32. iframe 有哪些缺点？

下面的前两点一定要回答出来，其他几点可以适当添加。

▶ 搜索引擎无法解读 iframe 中的页面，不利于搜索引擎优化。

▶ 增加 HTTP 请求，影响页面的并行加载速度。

▶ 小型设备无法完全显示。

▶ 出现多个滚动条，页面调试麻烦。

▶ 浏览器的后退按钮失效。

【知识补充】什么是并行加载？

并行加载，指的是同一时间针对同一个域名下的请求。一般情况下，iframe 和所在页面在同一个域下面，而浏览器并行加载的页面个数是有限制的，具体如下表所示。

不同浏览器并行加载页面的个数

浏览器	http/1.0	http1.1
Chrome	6	6
Firefox	6	6
IE9+	6	6
Safari	4	4
Opera	4	4

【答题加分】提出解决方案，这才是面试官想让你回答的。

使用 JavaScript 动态给 iframe 的 src 加载页面内容，代码如下。

```
document.getElementById("xxx").src = "test.html";
```

33.　你都了解过什么 CSS 预处理器？为什么要使用 CSS 预处理器？

常见的 CSS 预处理器有 3 种，分别是 Sass、Less 和 Stylus。使用 CSS 预处理器，使我们可以像操作 JavaScript 那样以"编程"的方式来书写 CSS。在 CSS 预处理器中，我们可以使用变量、循环、函数等方式来简化操作，这样可以极大地提高开发效率。特别是在一些大型项目中，提升效果更加明显。

此外，小伙伴们如果想要学习 CSS 预处理器，可以关注一下绿叶学习网（本书配套网站）上面的 Sass 教程。

34.　在浏览器地址栏输入一个 URL，按下回车键后会发生什么？

在地址栏输入 URL，按下回车键后，主要经历了以下 5 个步骤。

① 查询 IP 地址。

② 建立 TCP 连接，接入服务器。

③ 浏览器发起 HTTP 请求。

④ 服务器做出 HTTP 响应。

⑤ 浏览器解析页面并渲染。

35.　如果一个页面中的图片很多，你会怎么做性能优化？

▶ 对于一些小图标，尽量使用 iconfont 来实现。

▶ 无法使用 iconfont 实现的，尽量使用"雪碧图"来实现。

▶ 使用 lazyload.js 来实现图片懒加载。

▶ 一定要压缩图片，推荐使用 tinypng 这个在线工具。

36.　unicode 与 utf-8 这两种编码方式有什么关系？

unicode 是一个很大的字符集合，它包含了世界上所有的字符，因此文件很大。utf-8 准确来说，也是属于 unicode，只不过它是 unicode 的一种具体实现方式。

utf-8 采用变长的方式来存储字符，比如一个字节就可以表示的字符，那就用一位字节来存储，需要两位字节表示的就用两个字节来存储，以此类推。这种方式可以尽量缩小文件，方便文件存储和传输。

37.　简单说一下 HTTP 和 HTTPS 之间的区别。

▶ HTTP 运行在 TCP 之上，所有内容都是明文传输（即不加密）；HTTPS 运行在 SSL/TLS 之上，所有内容都是密文传输（即加密）。因此在安全性上，HTTPS 比 HTTP 更好。

▶ 对于 HTTP，客户端和服务器端都无法验证对方的身份；对于 HTTPS，客户端和服务器端都可以验证对方的身份。

▶ HTTP 和 HTTPS 使用的是完全不同的连接方式，因此两者使用的端口也不一样。其中，HTTP 使用的端口是 80，HTTPS 使用的端口是 443。

总而言之一句话，HTTP 与 HTTPS 最重要的区别就是"不加密与加密"。

38.　在前端开发中，你所知道的图片格式有哪些？

大多数人都会回答：PNG、JPG、GIF。但是这几个都不是面试官满意的答案。其实，面试官希望听到的是 Webp、Apng。这道题主要考察面试者是否有关注新技术、新事物。

Webp 是谷歌开发的一种新的图片格式，在相同图像质量的情况下，Webp 相对于 JPG、PNG 体积更小，能够缩小 20%~90%，这样可以使得页面加载速度更快。谷歌、Facebook 以及淘宝、腾讯等，都已经在大量使用 Webp 了。

Apng 是 PNG 的位图动画扩展，可以实现 PNG 格式的动画，支持全彩和透明（这个最重要），不过暂时只有 Firefox 和 Safari 浏览器支持。

39.　网页中的验证码主要解决怎样的安全问题？

验证码一般是用来防止网站中的批量注册、登录和灌水行为。如果没有验证码，恶意者很可能就会使用软件批量注册账户，此时服务器就会运行成千上万个线程，很容易造成服务器瘫痪，并且服务器中的数据库也会变得臃肿不堪。

最后，给大家一个建议：以上这些面试题，题目是万变的，但是原理是不变的。小伙伴们不要只记住答案，而更应该把每一道题的原理搞清楚，这样在真正面试的时候才能做到游刃有余。